本书案例欣赏

案例名称：吧台空间表现　　所在章节：第2章

本书案例欣赏

案例名称：会议室表现　　所在章节：第3章

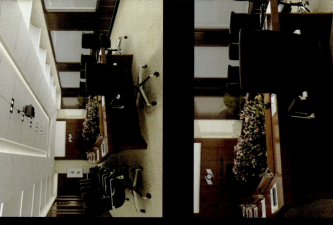

本书案例欣赏

3

案例名称:大礼堂空间表现　所在章节:第4章

本书案例欣赏

4

案例名称：咖啡店外景表现　　所在章节：第5章

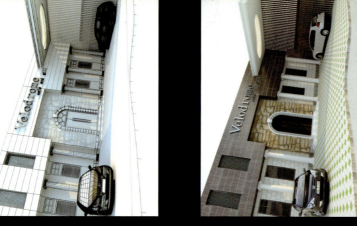

本书案例欣赏

5

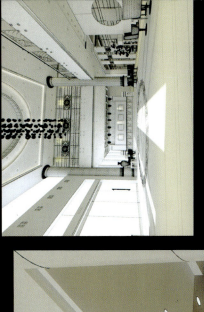

案例名称：简中大堂空间表现　　所在章节：第6章

本书案例欣赏

6

案例名称：办公大厦表现　　所在章节：第7章

本书案例欣赏

7

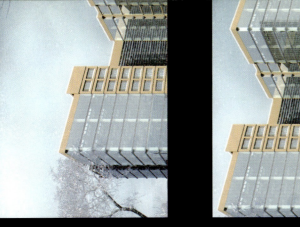

案例名称：雪景写字楼表现　　所在章节：第8章

本书案例欣赏

8

案例名称：小区鸟瞰表现　　所在章节：第9章

建筑外观及室内空间效果图写实渲染技法精粹 3ds Max+VRay

雷波 主编

中国建筑工业出版社

图书在版编目（CIP）数据

建筑外观及室内空间效果图写实渲染技法精粹3ds Max+VRay/雷波
主编.—北京：中国建筑工业出版社，2009
ISBN 978-7-112-11239-5

I.建… II.雷… III.建筑设计：计算机辅助设计—图形软件，
3dsMax、VRay IV.TU201.4

中国版本图书馆CIP数据核字（2009）第151446号

本书是一本讲解VRay渲染技术的图书，书中既有对VRay软件技术的全面讲解，也有丰富的案例。除此之外，本书涉及建筑设计行业的所有方面，既包含各种公共建筑室内空间的表现，又包含了建筑外观与环境的表现。通过学习本书，各位读者将能够掌握面对不同渲染任务时，如何设置合理的材质，如何进行布光，如何调整渲染参数，如何进行后期优化，从而轻松得到照片级别的效果图表现作品。

本书光盘包含书中案例模型、贴图等源文件以及丰富的贴图素材、精品模型库。本书特别适合希望快速在建筑效果图渲染方面提高水平的人员阅读，也可以作为各大中专院校或培训机构用作相关课程的学习用书。

责任编辑：费海玲
责任设计：崔兰萍
责任校对：赵　颖　王雪竹

建筑外观及室内空间效果图写实渲染技法精粹3ds Max+VRay
雷波 主编

*
中国建筑工业出版社出版、发行（北京西郊百万庄）
各地新华书店、建筑书店经销
北京点智文化责任有限公司制版
精美彩色印刷有限公司印刷
*
开本：880×1230毫米　1/16　印张：$14\frac{3}{4}$　插页：4　字数：488千字
2010年1月第一版　2010年1月第一次印刷
定价：88.00元（含光盘）
ISBN 978-7-112-11239-5
　　　（18508）

版权所有　翻印必究
如有印装质量问题，可寄本社退换
（邮政编码 100037）

前言 PREFACE

电脑绘图是装饰设计中必不可少的一个工作环节，其工作目标是为设计绘制出一张精美的虚拟效果图，以真实地反映设计师的设计理念，为客户提供可视化的设计方案。

要提升电脑效果图的制作水平，我们首先要学会欣赏，培养自己的美感，学会临摹，能够借他人的优点为己用；然后就是多做测试，多做练习，这样才能深入了解每个渲染参数的内在含义；还有一个关键因素，那就是要把握真实世界中的光影关系、材质原理等，这样才能让一切变得有法可依。

本书正是一本全面讲解VRay渲染技术的书籍，相信凭借本书全面的技术剖析、通俗易懂的讲解、全面详细的案例步骤解析，必然能够帮助各位读者在学习本书后，在效果图制作和VRay渲染技术方面，快速从新手成长为高手。

本书特色

1）内容全面，不仅对VRay软件技术进行了全面讲解，还全面地分析了效果图中的各种表现手法和形式，并列举了丰富的实例供大家学习。

2）空间丰富，本书几乎涉及建筑公共空间的所有方面，既包含了室内空间表现，又包含了室外空间表现。

3）资源丰富，本书光盘中附赠大量笔者经常使用的材质、模型库，相信能够省却部分资源的搜集整理时间，提高效果图的制作效率。

使用环境

本书写作时使用的软件版本是3ds Max 9.0中文版，操作系统环境为Windows XP SP2，VRay版本为VRay 1.5RC3，因此希望各位读者在学习时使用与笔者相同的软件环境，以降低出现问题的可能性。

本书作者

本书是集体劳动的结晶，参与本书编著的包括以下人员：雷剑、吴腾飞、雷波、左福、范玉婵、刘志伟、李美、邓冰峰、詹曼雪、黄正、孙美娜、黄菲、潘光玲、邢海杰、刘小松、陈红艳、徐克沛、吴晴、李洪泽、漠然、佟晓旭、江海艳、董文杰、张来勤、边艳蕊、姜玉双、李敏、邰琳琳、李亚洲、卢金凤、李静、肖辉、寿鹏程、管亮、马牧阳、杨冲、张奇、张伟、陈志新、刘星龙、马俊南、孙雅丽、孟祥印、李倪、潘陈锡、姚天亮等。

特别声明

本书所有素材与文件仅供学习使用，严禁用于其他商业领域！

沟通方法

如果希望就本书问题与笔者交流，请发邮件至Lbuser@126.com，如果希望获得笔者更多图书作品请浏览www.dzwh.com.cn，也可以登陆http://byzlps.blog.sohu.com/进行咨询。

笔者
2009-3-10

目录

第1章 效果图及VRay参数

1.1 关于效果图　　2
1.1.1 效果图制作行业现状　　2
1.1.2 效果图制作软件　　4

1.2 绘制效果图的9大步骤　　6
1.2.1 准备素材　　6
1.2.2 整理CAD平面图　　6
1.2.3 设置场景单位　　6
1.2.4 创建模型　　7
1.2.5 赋予材质　　7
1.2.6 架设摄影机　　8
1.2.7 布置灯光　　8
1.2.8 渲染　　9
1.2.9 后期处理　　9

1.3 效果图中的摄像机及常见视角类型　　10
1.3.1 设置摄像机　　10
1.3.2 摄像机的特性　　10
1.3.3 调整摄像机的视野范围　　11
1.3.4 使用剪切平面　　12
1.3.5 效果图中常见视角类型　　13

1.4 效果图常见的表现形式　　14
1.4.1 日景　　15
1.4.2 黄昏　　15
1.4.3 夜晚　　15
1.4.4 阴天　　16

1.5 VRay渲染器参数详解　　16
1.5.1 V-Ray：Frame buffer(帧缓存设置)卷展栏　　17
1.5.2 V-Ray：Global switches(全局设置）卷展栏　　17
1.5.3 V-Ray：Image sampler(Antialiasing)[图像采样（抗锯齿)]卷展栏　　20
1.5.4 V-Ray：Adaptive subdivision image sampler（自适应细分采样设置)卷展栏　　22

1.5.5	V-Ray：Indirect illumination(GI)（间接照明）卷展栏	23
1.5.6	V-Ray：Irradiance map（发光贴图设置）卷展栏	24
1.5.7	V-Ray：Quasi-Monte Carlo GI（准蒙特卡罗全局光照）卷展栏	26
1.5.8	V-Ray：Light cache（灯光缓存设置）卷展栏	26
1.5.9	V-Ray：Global photon map（全局光子贴图设置）卷展栏	27
1.5.10	V-Ray：Environment（环境）卷展栏	27
1.5.11	V-Ray：Color mapping（色彩映射）卷展栏	30
1.5.12	V-Ray：Camera（摄像机）卷展栏	31
1.5.13	V-Ray：rQMC Sampler（准蒙特卡罗设置）卷展栏	32
1.5.14	V-Ray：Default displacement（默认置换）卷展栏	33
1.5.15	V-Ray：System（系统）卷展栏	34

第2章 吧台空间表现

2.1 吧台空间简介	38
2.2 吧台测试渲染设置	39
2.2.1 设置测试渲染参数	39
2.2.2 布置场景灯光	41
2.3 设置场景材质	49
2.3.1 设置场景主体材质	50
2.3.2 设置场景其他材质	54
2.4 最终渲染设置	55
2.4.1 最终测试灯光效果	55
2.4.2 灯光细分参数设置	56
2.4.3 设置保存发光贴图和灯光贴图的渲染参数	56

目录

    2.4.4 最终成品渲染   58
2.5 Photoshop后期处理   59

第3章 会议室表现

3.1 会议室空间简介   64
3.2 会议室测试渲染设置   65
    3.2.1 设置测试渲染参数   65
    3.2.2 布置场景灯光   66
3.3 设置场景材质   72
3.4 最终渲染设置   79
    3.4.1 最终测试灯光效果   79
    3.4.2 灯光细分参数设置   80
    3.4.3 设置保存发光贴图和灯光贴图的
           渲染参数   80
    3.4.4 最终成品渲染   80

第4章 大礼堂空间表现

4.1 大礼堂空间简介   84
4.2 大礼堂测试渲染设置   85
    4.2.1 设置测试渲染参数   86
    4.2.2 布置场景灯光   86
4.3 设置场景材质   96
    4.3.1 设置场景主体材质   96
4.4 最终渲染设置   102
    4.4.1 最终测试灯光效果   102
    4.4.2 灯光细分参数设置   103
    4.4.3 设置保存发光贴图和灯光贴图的
           渲染参数   104
    4.4.4 最终成品渲染   104

第5章 咖啡店外景表现

5.1 咖啡店外景简介   108
5.2 咖啡店外景测试渲染设置   109

5.2.1	设置测试渲染参数	109
5.2.2	布置场景灯光	111
5.3	设置场景材质	114
5.4	最终渲染设置	122
5.4.1	最终测试灯光效果	122
5.4.2	灯光细分参数设置	123
5.4.3	设置保存发光贴图和灯光贴图的渲染参数	123
5.4.4	最终成品渲染	124
5.5	Photoshop后期处理	125
5.5.1	初步处理画面	125
5.5.2	添加配景	129

第6章 简中大堂空间表现

6.1	简中大堂空间简介	134
6.2	简中大堂测试渲染设置	135
6.2.1	设置测试渲染参数	135
6.2.2	布置场景灯光	136
6.3	设置场景材质	149
6.4	最终渲染设置	154
6.4.1	最终测试灯光效果	154
6.4.2	灯光细分参数设置	154
6.4.3	设置保存发光贴图和灯光贴图的渲染参数	155
6.4.4	最终成品渲染	155

第7章 办公大厦表现

7.1	办公大厦空间简介	158
7.2	办公大厦测试渲染设置	159
7.2.1	设置测试渲染参数	159
7.2.2	布置场景灯光	160
7.3	设置场景材质	163
7.3.1	设置主体材质	163
7.3.2	设置场景其他材质	168

目录

7.4 最终渲染设置	170
7.4.1 最终测试灯光效果	171
7.4.2 灯光细分参数设置	171
7.4.3 设置保存发光贴图和灯光贴图的渲染参数	171
7.4.4 最终成品渲染	172
7.4.5 通道渲染	172
7.5 Photoshop后期处理	174
7.5.1 初步处理画面	174
7.5.2 调整楼体	177
7.5.3 添加配景及整体调整	180

第8章 雪景写字楼表现

8.1 雪景写字楼空间简介	182
8.2 雪景写字楼测试渲染设置	183
8.2.1 设置测试渲染参数	183
8.2.2 布置场景灯光	184
8.3 设置场景材质	187
8.4 最终渲染设置	192
8.4.1 最终测试灯光效果	192
8.4.2 灯光细分参数设置	192
8.4.3 设置保存发光贴图和灯光贴图的渲染参数	193
8.4.4 最终成品渲染	193
8.4.5 通道渲染	194
8.5 Photoshop后期处理	195
8.5.1 初步布局画面	195
8.5.2 添加景物图像及整体调整	199

第9章 小区鸟瞰表现

9.1 小区鸟瞰空间简介	206
9.2 小区鸟瞰测试渲染设置	207
9.2.1 设置测试渲染参数	207
9.2.2 布置场景灯光	208

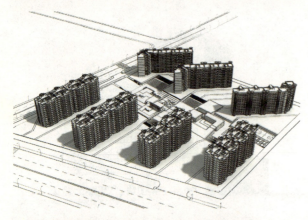

9.3	设置场景材质	210
	9.3.1 设置主体材质	210
	9.3.2 设置场景其他材质	212
9.4	最终渲染设置	214
	9.4.1 最终测试灯光效果	214
	9.4.2 灯光细分参数设置	214
	9.4.3 设置保存发光贴图和灯光贴图的渲染参数	214
	9.4.4 最终成品渲染	215
	9.4.5 通道渲染	215
9.5	Photoshop后期处理	217
	9.5.1 初步布局画面	217
	9.5.2 添加配景图像	223
	9.5.3 调整整体图像	224

第1章 效果图及VRay参数

Chapter 01

3ds Max+VRay

1.1 关于效果图

随着计算机硬件和软件技术的发展,利用计算机进行电脑图像设计已经形成一种发展趋势与潮流,这是科学技术发展的必然结果。在电脑设计行业中,效果图的制作逐渐成为一个独立的分支,在此领域中,通过写实的表现手法来真实地体现设计师的设计理念,这样就能更好地辅助设计师的设计工作,从而让表现和设计达到完美的统一。实际上,效果图这一概念及行业由来已久,最初被称为建筑表现图,是由专业效果图绘制师手绘而成的,主要用于向客户展示设计方案,如图1.1所示。

图1.1

传统手绘效果图不仅要求室内设计师具有室内设计技艺,而且具有一定的手绘功底,因此在社会分工上,设计师不仅需要设计方案还需要花费大量的时间绘制效果图,这在一定程度上制约了室内设计行业的发展速度。随着电脑辅助设计行业的日趋成熟,电脑效果图制作已经成为一个比较热门的行业。

1.1.1 效果图制作行业现状

近几年,随着电脑硬件价格的下降与软件技术的普及,使用电脑制作效果图成为建筑装饰行业的基本要求。由于效果图制作被相对简单的电脑操作所代替,也使绘制建筑效果图不再是专业人员的专利了,许多大中专学生甚至是普通的高中生,通过一段时间的学习后,都能够制作出非常专业的建筑效果图,这使行业内的分工更加细化,出现了设计师与效果图制作人员这样两个有不同的工作内容与职业素质要求的岗位。

从比较大的层面上看,电脑效果图的流行有两个非常明显的原因,其一,设计师为了完善设计,需要真实地将设计稿表现出来,从而便于对设计方案的全局或细节进行修改,而电脑效果图则能够完美地表现出设计方案;其二,目前室内外装饰装修行业发展非常迅速,使用电脑效果图能够展现装饰装修后的真实场景,这有利于装饰装修提供方向业主说明装饰或装修方案,使两者之间的沟通更加有效。

笔者从1998年开始从事效果图制作工作,使用的软件也是从3DS studio(3DS Max的前身)开始,亲眼看到效果图制作从一个鲜为人知的工种,渐渐发展成为一个成熟的行业,而在行业中甚至产生了许多凭借制作效果图成长成为全球屈指可数的大型建筑表现公司。这与我国快速发展的城市建筑与蓬勃发展的室内装饰装修行业现状是有密切关系的,经过十几年的发展,效果图制作行业已经相当成熟,行业内的分工也开始走向细化,出现了专业的建模师、渲染师、灯光师、后期制作师等细分化岗位,而在表现内容方面也细分为以下几类:

计算机建筑效果图,多指建筑外观的静态表现,图1.2、图1.3;

chapter 01

效果图及 VRay 参数

图1.2

图1.3

　　计算机建筑漫游动画，多用于表现大型建筑群体，或城市的整体规划；

　　计算机室内效果图，专用于表现建筑室内静态效果，如图1.4所示，这是效果图行业中较容易掌握与表现的一类效果图；

图1.4

计算机园林景观效果图，用于表现园林景观及规划效果，如图1.5所示。

本书重点讲解计算机室内外效果图制作，由于我国房地产市场发展迅速，这类效果图具有无限的市场潜力，是每一位希望进入效果图表现行业的人员都应该首先掌握的效果图表现类型。

图1.5

1.1.2 效果图制作软件

随着越来越多、不同水平与层次的人员进入效果图制作行业，这个行业的技术水平得到了快速提升，其中软件技术成为众多效果图表现从业者最为关心的问题。目前，虽然用于制作效果图的软件很多，但在国内，制作效果图的主流软件是3DS Max+VRay+Photoshop，这一组合中，每一种软件都有明确的不同分工，其中3DS Max用于搭建模型，VRay则是3DS Max的渲染插件，用于对场景的灯光、材质模拟，Photoshop用于进行后期处理。

1. 3DS Max

3DS Max是室内效果图表现工作中的核心，现阶段绝大多数效果图制作人员的工作都是围绕此软件进行的，3DS Max是一款功能强大的三维制作软件，效果图表现其实只是运用了3DS Max的一些基本实用的功能。图1.6所示为其启动界面。

本书使用的是3DS Max 9.0中文版软件。

 提示：笔者的经验是3DS Max 9.0较稳定。

图1.6

2. VRay

VRay目前为最炙手可热渲染软件，由于具有超强光线追踪、灯光模拟与材质模型功能，目前被广泛用于各类三维表现领域，图1.7所示为其启动界面。

本书中的所有案例均使用VRay 1.50 Rc3版本编写。

图1.7

3. Photoshop

Photoshop是从事任何一种与图形图像有关的设计工作都不可缺少的软件。有些设计师甚至所有业务都在此软件中完成，因此其强大性、应用的广泛性是不言而喻的。

其中最多的应用，是在制作效果图后期时，利用其对最终的渲染效果进行修饰性处理，使效果更逼真、美观。当然，此外还可以在Photoshop中修改或绘制要使用的3DS Max材质贴图。本书是以Photoshop CS3中文版软件为基础进行写作的，图1.8所示为其启动界面。

图1.8

4. AutoCAD

AutoCAD是工程制图领域首屈一指的软件，由于绝大多数客户提供的都是CAD文件，而且，在工作过程中有时需要绘制平面图，因此该软件绝对是必备软件之一，本书编写过程中使用的软件是AutoCAD2008中文版，图1.9所示为其启动界面。

除上述软件外，也有一些效果图制作人员，根据自己的技术特点，选择使用Maya来制作效果图。

而在渲染出图方面，则有Vray、Brazil、FinalRender、MentalRay等多种渲染器可供选择，尤其是Vray在国内具有良好的发展势头。由于上述软件都采用了更加先进的灯光模拟算法，因此能够得到品质更高的效果图，但相对于Vray而言，其他三者在渲染速度方面明显较慢。

笔者建议各位初学者仍应该以掌握3DS Max+VRay+PhotoShop为主要学习任务，因为经过时间与大量效果图制作人员的验证，这一组合可以让大家在较短的时间内制作出照片级的室内效果图，而且学习起来也比较容易上手，因此无论是在学习的时间成本、最终出图效果，还是工作效率方面都是上上之选。

在能够熟练应用这一组合进行效果图制作之后，可以尝试学习其他的软件，以作为技术补充。

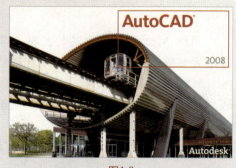

图1.9

1.2 绘制效果图的9大步骤

1.2.1 准备素材

在我们理解整个场景的布局和风格后，在制作效果图前，先收集场景中所需要的素材模型、贴图和光域网文件，以备作图的过程中使用。在作图的过程中，建模是最基础的工作，如果场景中的部分模型可以使用素材模型库中的模型，就不要再去创建了，这样可以提高工作效率。例如，沙发、简单通用桌子、浴室中的浴缸等常规模型实际上无须在每一次制作效果图时重新制作，只需要调用现有的模型即可。

目前市场上有成套的模型库销售，搜集并整理出自己常用的模型库，对于每一个效果图制作人员而言都很有用。

1.2.2 整理CAD平面图

创建模型时，如果有CAD平面图，应该先在AutoCAD中将平面图进行精简，删除一些没用的图形，只保留空间结构尺寸线框，将其成块保存，然后在3DS Max中通过导入平面图，来进行模型的创建。如果没有CAD文件的话，那么就应该按照室内空间的尺寸直接开始创建。

图1.10所示为一栋写字楼的标准平面图，图1.11所示为精简后、导入3DS Max前的效果。

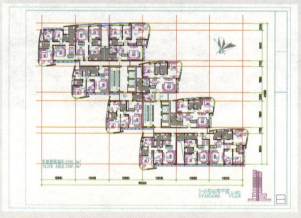

图1.10

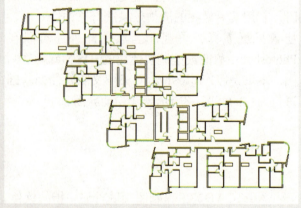

图1.11

1.2.3 设置场景单位

在3DS Max中创建模型，虽然效果图制作人员是在虚拟空间中创建模型，但也应该与在现实生活中创建房屋一样，一定要有精确的尺寸。要为创建的模型赋予精确的尺寸，就要为场景设置统一的单位。通常我们将场景和系统的单位设置为"毫米"，使场景中所创建的模型以毫米为单位来表示，例如1米在场景中将表示为1000mm，如图1.12所示。

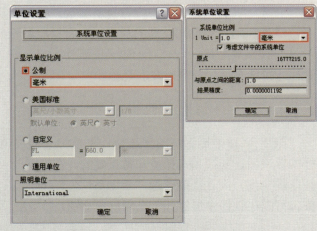

图1.12

1.2.4 创建模型

设置完场景单位后，便可以在场景中开始创建模型了。效果图表现的模型创建工作相对于其他计算机表现行业来说比较简单，都是用3DS Max的标准几何体、扩展几何体、二维图形等常用命令进行创建、堆栈而成。在3DS Max中创建模型，一定要注意一些创建模型的基本规范。

1. 使用主工具栏上的对齐工具或捕捉工具使各个几何体之间对齐，避免出现相交面。
2. 要注意模型段数的控制，应该根据模型的需要设置相对应的段数。
3. 棱角比较明显的模型尽量为其进行倒角操作。如玻璃、桌子等模型边缘都应该进行倒角。
4. 模型创建完后堆栈层不能太多，应将其转化为可编辑网格或可编辑多边形。
5. 最后将材质相同的物体附加为一个物体或者将其成组，便于管理。
6. 当场景特别大时，可以借助于3DS Max的图层工具来对场景中的物体进行管理。

1.2.5 赋予材质

材质是体现模型质感和效果的关键，在真实世界中，正因为石块、木板、玻璃等物体表面的纹理、透明性、颜色、反光性能都不同，它们才能在人们眼中呈现为丰富多彩的物体。因此，光有模型是不够的，只有为模型赋予了材质，模型才能变得更加逼真，最终的渲染效果看上去才逼真可信，不仅对于效果图制作行业这样，对于其他涉及三维技术的行业也是如此，图1.13所示为模型赋予材质前后的渲染效果。

图1.13

在3DS Max中为模型赋予材质的工作分2个步骤。

首先，在材质编辑器中设置材质参数，并将材质赋予模型。

其次，对于有贴图纹理的材质，在将材质赋予模型后，为模型添加UVW贴图坐标。

与搜集模型库一样，对于效果图制作人员而言，有一个数量庞大的材质纹理贴图库也是非常重要的，只有这样才可能在使用材质时左右逢源。

1.2.6 架设摄影机

3DS Max中摄影机的作用是用来模拟人的视角观察场景的，这同使用照相机取景的原理是一样的。一幅好的效果图，其视角选择是非常重要的，在3DS Max里，摄影机的使用可以更灵活，它不但可以不受限制地选择取景角度，而且还能通过"手动剪切"功能，穿过遮挡物进行取景。如果需要从不同的角度对效果图进行渲染，可以在软件中创建几个摄影机，如图1.14所示。

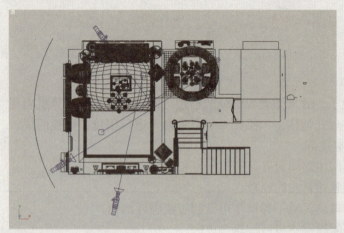 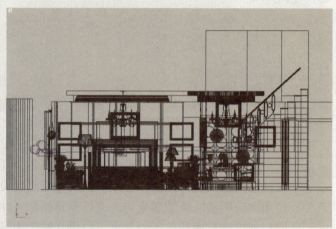

图1.14

1.2.7 布置灯光

灯光是照亮场景的关键，再好的模型和材质，只有通过恰当光照，才能够表现出来。在布置灯光时，一定要清楚每一盏灯光的作用，一盏一盏地添加，必须清楚哪些灯光是用于主体照明，哪些灯光是用于气氛渲染，哪些灯光是进行辅助照明的，只有这样才能够模拟出更加真实的光照效果。

通过设置不同效果的灯光，可以为场景制造不同的气氛。图1.15中所示的两张图片，其场景模型完全相同，但由于灯光的设置不同，得到了一张表现黄昏一张表现早晨的两种完全不同的场景效果。

图1.15

灯光运用得是否到位与最终得到的效果图的质量有很大的关系，一张好的效果图模型可以不漂亮，但灯光一定要自然、逼真，这样才可以"骗"过欣赏者的眼光。

1.2.8 渲染

早期的效果图渲染采用的是3DS Max的默认扫描线渲染器进行场景渲染，渲染的效果看上去比较假，但渲染速度较快，基本能够反映出光影材质感觉。到2003年左右效果图渲染市场流行使用Lightscape渲染器进行场景渲染，渲染的效果图逼真程度得到了很大的提高，许多效果图高手能够使用此渲染器渲染出较逼真的效果图。

2006年左右VRay渲染器开始崭露头角，发展到2008年该渲染器已经在效果图制作领域得到非常广泛的应用。VRay渲染器是模拟真实光照的一个全局光渲染器，无论是静止画面还是动态画面，其真实性和可操作性都让用户为之惊讶。它具有对照明的仿真，以帮助作图者完成犹如照片般的图像。这一段落的效果可以达到超写实的程度，如图1.16所示，本书的所有案例也是基于此渲染器进行讲解的。

图1.16

1.2.9 后期处理

后期处理的工作是对场景效果进行优化与丰富，弥补渲染后的不足之处，主要是调整效果图的颜色、光感及配景，图1.17所示为渲染后效果，图1.18所示为后期处理后的效果。

图1.17　　　　　　　　　　　　　　　图1.18

在效果图的后期处理中，有时需要添加与效果图风格、明暗、透视角度匹配的配景，例如，小摆设、植物、人、窗外景物等，因此效果图制作人员也应该有一个后期配景库，否则在效果图的后期处理时，难免会遇到巧妇难为无米之炊的情况。

自从VRay渲染器得到大范围应用后，后期处理在室内效果图渲染中所占的比重越来越小，基本上都属于调整亮度、对比度、锐化等简单操作。

但室外、建筑效果图仍然比较倚重于后期处理，如图1.19展示了后期处理前与处理后的效果，可以看出来两者的区别很大。

图1.19

1.3 效果图中的摄像机及常见视角类型

1.3.1 设置摄像机

3DS Max中的摄像机和我们现实中的摄像机是一样的原理，只不过3DS Max中的摄像机广角更大，可调节程度更高。3DS Max中的摄像机作为一个或多个虚拟的物体，可以从特定的观察点表现场景，也可以给摄像机设置一段路径，做成动画。摄像机主要分为目标摄像机和自由摄像机两种。目标摄像机由两部分组成，即摄像机和其目标，自由摄像机不具有目标点，如图1.20所示。

目标摄像机具有一个目标点，所以目标摄像机比自由摄像机更容易定向，我们只需将其目标点定位在所需位置的中心即可，我们常用目标摄像机来做静帧图像。

图1.20

自由摄像机没有目标点，所以在移动和定向时更方便，此摄像机适合在动态场景中使用。本书主要针对的是效果图中摄像机的应用，在此我们以目标摄像机为主进行讲解。

1.3.2 摄像机的特性

1. 焦距

3DS Max中的焦距我们称之为"镜头"，焦距影响对象出现在图片上的大小或者说多少。焦距越小图片中包含的场景就越多，加大焦距将包含更少的场景，但会显示远距离对象的更多细节。

焦距始终以毫米为单位进行测量，50mm 镜头通常是摄像的标准镜头，焦距小于 50mm 的镜头称为短或广角镜头，焦距大于50mm 的镜头称为长或长焦镜头，在效果图的制作中，都是在有限的范围内看到尽可能多的场景，所以一般都使用广角镜头。图1.21所示为摄像机镜头27mm时的效果，图1.22所示为镜头35mm时的效果，图1.23所示为镜头50mm时的效果。

图1.21

图1.22

> ⚠ 提示：对上面三张图进行比较会发现，焦距越小，广角越大，对象变形越大；焦距越大，广角越小，对象变形越小。人眼的焦距为43mm，按理说为了取得真实的效果，图中摄像机焦距也应该为43mm，但如果用43mm的焦距摄像机，画面会显得比较狭小，看到的场景内的物体或建筑也只有局部。因此，我们在实际运用中一般选用28～35mm的焦距，有时为了看到更多的物体，或者想把建筑透视变形，也可以把焦距设置得更小。

图1.23

2. 视野

"视野"控制可见场景的数量，视野以水平线度数进行测量，它与镜头的焦距正好成反比，镜头越长，视野越窄；镜头越短，视野越宽。

1.3.3 调整摄像机的视野范围

创建摄像机后，"修改"面板中将会显示如图1.24所示的"参数"卷展栏。

在内效果图中摄像机主要是用于设置一个较好的观察点，也就是摄像机视图，下面要重点掌握摄像机视野的调整和剪切平面的应用。其中调整摄像机视野的参数及剪切平面参数如下所述：

- 镜头：以毫米为单位设置摄像机的焦距。
- 视野：决定摄像机查看区域的宽度，和镜头值大小成反比。
- 正交投影：启用此选项后，摄像机视图看起来就像"用户"视图。
- 备用镜头：这是预设的一些比较常用的摄像机镜头。可以直接单击其按钮，进行"镜头"参数的设置。
- 显示圆锥体：选中该复选框，即使取

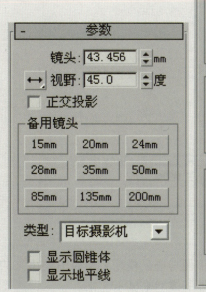
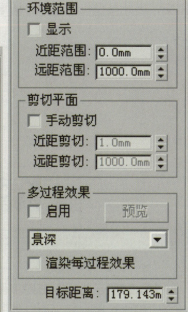

图1.24

消了这个摄像机的选定，在视口图中也能够显示摄像机视野的锥形区域。
- 显示地平线：当选中这个复选框后，在摄像机视口中显示一条黑色的线，以表示地平线，它只在摄像机视口中显示。
- 手动剪切：启用该选项可定义剪切平面。
- 近距剪切：设置摄像机近距可视位置，比近距可视位置更近的对象不可视。
- 远距剪切：设置摄像机远距可视位置，比远距可视位置更远的对象不可视。

1.3.4 使用剪切平面

剪切平面是平行于摄像机镜头的矩形平面，以红色带交叉的矩形表示。它用来设置3DS Max中渲染对象的范围，在范围外的任何对象都不被渲染，使用剪切平面可以排除场景的一些几何体，以只查看或渲染场景的某些部分。每部摄像机都具有近端和远端剪切平面。

使用剪切平面后，摄像机视图中将显示近端和远端剪切平面之间的图像，图1.25所示为场景模型完全在剪切平面之间时渲染出来的效果。

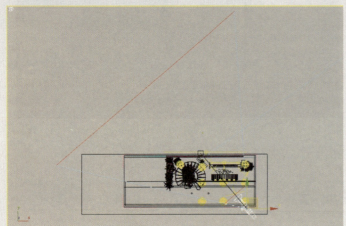 

图1.25

图1.26所示为近距剪切平面与场景模型相交时渲染出来的效果，可以看出来由于近距剪切平面与场景模型相交，因此摄像机与近距剪切平面间的模型未显示出来。

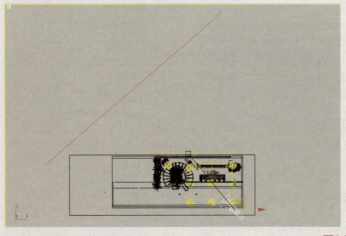 

图1.26

图1.27所示为远距剪切平面与场景模型相交时渲染出来的效果，可以看出来由于远距剪切平面与场景模型相交，因此远距剪切平面以外的模型未显示出来。

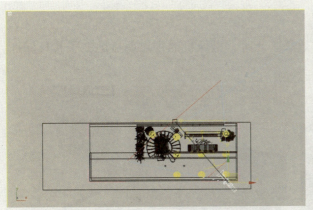

图1.27

> 提示:"近距"值应小于"远距"值。如果剪切平面与一个对象相交,则该平面将穿过该对象,从而创建剖面视图。

摄像机剪切具体设置步骤如下:

Step 01 在"参数"面板中勾选"手动剪切"选项。
Step 02 设置"近距剪切"值以定位近距剪切平面。对于摄像机来说,与摄像机的距离比"近"距更近的对象不可见,并且不进行渲染。
Step 03 设置"远距剪切"值以定位远距剪切平面。对于摄像机来说,与摄像机的距离比"远"距更远的对象不可见,并且不进行渲染。

1.3.5 效果图中常见视角类型

在效果图表现中,摄像机就如人的眼睛一般,决定从什么角度去观察所表现的场景,从而更好地表现当前空间和建筑的三维立体结构。虽然摄像机的设置非常灵活,但大体分为以下几种类型:

1. 平视

也称为人视,就是正常的人的眼睛平视时看到的效果。此时,摄像机的视点和其目标点高度相等或大致相等。如图1.28所示。

图1.28

> 提示1:平视摄像机在创建时,一般的高度应该在1.2~1.6m之间,在大空间里,可以适当抬高视点和目标点。摄像机的焦距最好设置在28~35mm之间。

> 提示2:在调整时透视的斜线避免对称,主要的竖向线条不要在画面的中间位置。在设置角度时要体现主要的设计元素,还要注意体现不同的空间气氛,要表现严肃的空间可以选择对称的角度,轻松的空间就选择不对称、有变化、生动的角度。另外,画面要避免竖线等分,还要注意调整画面的疏密关系。

2. 俯视

也称为鸟瞰，就是人在空中或是低头去观察时的效果。此时，摄像机的视点明显地高于其目标点。如图1.29所示。

图1.29

> 提示：俯视摄像机在创建时，其高度随所表现的场景的大小而定。摄像机的焦距最好设置在24～35mm之间，如果场景太大，需要看到的东西很多时，可以将摄像机的视点移远一点，这样可以保证在变形不大的情况下看到更多的物体。

3. 仰视

就是人抬头去观察时的效果。此时，摄像机的目标点明显地高于其视点。仰视视角主要用于表现一些特定的大场景，如图1.30所示。

图1.30

> 提示：仰视摄像机在创建时，其视点一般在1.2～1.6m之间，其目标点随所表现的场景而定。摄像机的焦距一般设置在15～35mm之间，如果场景太大，需要看到的东西很多时，可以将摄像机的焦距设置得小一点，这样视野会更大一些，当然变形也会更大。

总之，摄像机在创建时会因为所表现的场景大小、建筑功用以及效果图所表现的重点等不同而有所变化，不能墨守成规，因为摄像机视图的创建就是效果图的初步构图，对整个效果图表现特别重要，读者平时可以多看一些好的摄影作品，从中可以借鉴和学习到很多东西。

1.4 效果图常见的表现形式

在效果图的表现中，同自然界中的不同时间段的光影变化一样，也同样存在着通过调整各种光线的变化来达到表现不同时间段特点的表现效果，虽然这样的光线变化很丰富，但在效果图的表现中通常可以表现为以下几个时间段的效果：

1.4.1 日景

日景所要表现的时间段是一天当中的阳光照射充足的所有时间段，所以日景表现也可以分为上午、中午及下午三个时间段的表现形式，但光线的变化并不是很大，只是在强度和角度方面有些变化。一天当中，当太阳的照射角度大约为90°的时候，也就是中午，这时的太阳光直射是最强的，对比也是最强的，阴影相对较黑，相比其他时段的日景表现，中午的阴影层次变化相对少些。即使存在着微妙的变化，日景的表现要求也都是带有阳光的光照并且整体光照充足的表现效果，图1.31所示为日景的效果图表现效果。

图1.31

1.4.2 黄昏

黄昏在一天中是比较特别的时段，经常给人们带来美丽的景象。当太阳落山的时候，天空中的主要光源就是天光，而天光的光线比较柔和，它给我们带来柔和的阴影和比较低的对比度，同时色彩也变得更加丰富。

当发自地平线以下的太阳光被一些山岭或云块阻挡时，天空中就会被分割出一条条的阴影，形成一道道深蓝色的光带，这些光带好像是从地平线下的某一点（即太阳所在的位置）发出，以辐射状指向苍穹，有时还会延伸到与太阳相对的天空，呈现出万道霞光的壮丽景象，给只有色阶变化的天空增添一些富有美感的光影线条，人们把这种现象叫做曙暮晖线。

日落之后，当太阳刚刚处在地平线以下时，在高山上面对太阳一侧的山岭和山谷中会呈现出粉红色、玫瑰红或黄色等色调，这种现象叫做染山霞或高山晖。傍晚时的染山霞比清晨明显，春夏季节又比秋冬季节明显，这种光照让物体的表面看起来像是染上了一层浓浓的黄色或紫红色。

在黄昏的自然环境下，如果有室内的黄色或者橙色的灯光对比，整体的画面会让人感觉到美丽与和谐，所以黄昏时刻的光影关系也比较适合表现效果图。图1.32所示为效果图中的黄昏表现。

图1.32

1.4.3 夜晚

在夜晚，虽然太阳已经落山，但是天光本身仍然是个光源，只是比较弱而已，它的光主要来源于被大气散射的阳光、月光，还有遥远的星光。

所以大家要注意，夜晚的表现效果仍然有天光的存在，只是很弱而已。图1.33所示为效果图中的夜景表现。

图1.33

1.4.4 阴天

阴天的光线变化多样，这主要取决于云层的厚度和高度。可能和大家平常的看法有点不一样，其实阴天也能得到一个美丽的画面，在整个天空中就只有一个光源，它是被大气和云层散射的光，所以光线和阴影都比较柔和，对比度比较低，色彩的饱和度比较高。阴天里天光的色彩主要取决于太阳的高度（虽然是阴天，但太阳还是躲在云层后面的）。通过观察和分析，可以发现在太阳高度比较高的情况下，阴天的天光主要是呈现出灰白色；而当太阳的高度比较低，特别是快落山的时候，天光的色彩就发生了变化，这时候的天光呈现蓝色。图1.34所示为效果图中的阴天效果表现。

图1.34

1.5 VRay渲染器参数详解

虽然，VRay在使用方面要优于其他渲染软件，在功能方面也较其他大多数渲染软件更强大，但在功能强大而丰富的背后即是复杂而繁多的参数，因此要掌握此渲染器，首先要了解各个重要参数的功能，V-Ray Adv 1.5 RC3的渲染器控制面板如图1.35所示，下面将在各个小节中对一些常用参数进行讲解。

VRay版本发布的频率并不高，要得到当前使用软件版本号，可以观察图1.36所示的卷展栏。

chapter 01
效果图及 VRay 参数

图1.35　　　　　　　　　　　　　图1.36

1.5.1 V-Ray：Frame buffer(帧缓存设置)卷展栏

V-Ray：Frame buffer（帧缓存设置）卷展栏如图1.37所示，其中主要参数作用为：

- **Enable built-in Frame buffer**（使用内建的帧缓存）：勾选这个选项将使用VRay渲染器内置的帧缓存。
- **Render to memory frame buffer**（渲染到内存）：勾选的时候将创建VRay的帧缓存，并使用它来存储颜色数据以便在渲染时或者渲染后观察。
- **Get resolution from 3DS Max**（从3DS Max获得分辨率）：勾选这个选项的时候，VRay将使用设置的3DS Max的分辨率。

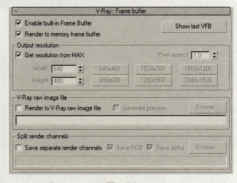

图1.37

- **Output resolution**（输出分辨率）：这个选项在不勾选Get resolutlon from 3DS Max（从3DS Max获得分辨率）这个选项的时候可以被激活，你可以根据需要设置VRay渲染器使用的分辨率。
- **Show Last VFB**（显示上次渲染的VFB窗口）：单击此按钮，可重新在渲染窗口显示最后一次的渲染图像。
- **Render to V-Rayraw image file**（渲染到VRay图像文件）：勾选此项后接着单击Browse（浏览）按钮指定保存路径，即可对渲染图像进行保存。
- **Generate preview**（生成预览）：勾选此项以便在渲染帧窗口中观察渲染图像。
- **Save separate G-Buffer channels**（保存单独的G-缓存通道）：勾选这个选项允许操作者在G-缓存中指定的特殊通道作为一个单独的文件保存在指定的目录。

1.5.2 V-Ray：Global switches(全局设置) 卷展栏

V-Ray：Global switches（全局设置）卷展栏如图1.38所示，其中主要参数作用为：

1. Geometry(几何学设置) 组

- **Displacement**（置换）：决定是否使用VRay自己的置换贴图。注意这个选项不会影响3DS Max自身的置换贴图。

提示：通常在测试渲染或场景中没有使用VRay的置换贴图时此参数不必开启。

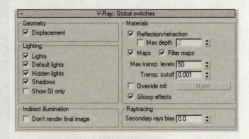

图1.38

2. Lighting（灯光）组

灯光设置组，各项参数主要控制着全局灯光和阴影的开启或关闭。

- **Lights（灯光）**：场景灯光开关，勾选时表示渲染时计算场景中所有的灯光设置，如图1.39所示；取消勾选后，场景中只受默认灯光和天光的影响，如图1.40所示。

图1.39

图1.40

> 提示：取消Lights（灯光）的勾选虽然场景受到默认灯光和天光的影响，但是默认灯光的影响太大，天光的影响已经无法分辨。

- **Default lights（默认灯光开关）**：此选项决定VRay渲染是否使用max的默认灯光，通常情况下需要被关闭。取消勾选后，场景中的默认灯光将不会对场景产生影响，如图1.41所示。

图1.41

⚠️ 提示：取消Lights（灯光）和Default lights（默认灯光）的勾选可以明显地看到场景中只受天光的影响。

- Hidden lights（隐藏灯光）：勾选的时候系统会渲染场景中的所有灯光，无论该灯光是否被隐藏。

⚠️ 提示：在处理灯光较多的场景时，为了操作方便会将灯光全部隐藏起来，但如果在渲染时未选择Hidden lights（隐藏灯光）选项，则得到的图像会由于只有天空照明而没有其他灯光照明显得非常黑，通常只要使其保持默认选择状态即可。

- Shadows（阴影）：决定是否渲染灯光产生的阴影。
- Show GI only（只显示全局光）：勾选的时候直接光照将不包含在最终渲染的图像中。

3. Materials（材质）组

材质设置组，主要对场景的材质进行基本控制。

- Reflection/refraction（反射/折射）：为VRay材质的反射和折射设置开关。取消勾选，场景中的VRay材质将不会产生光线的反射和折射，如图1.42所示。

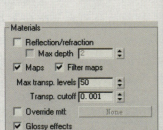

图1.42

⚠️ 提示：这个反射/折射开关只对VRay材质起作用，对max默认材质不起作用。

- Max depth（最大深度）：通常情况下，材质的最大深度在材质面板中设置，当勾选此选项后，最大深度将由此选项控制。
- Maps（贴图）：不勾选表示不渲染纹理贴图。不勾选此选项时效果如图1.43所示。

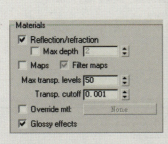

图1.43

- Filter maps（贴图过滤）：勾选之后材质效果将显得更加平滑。

- Max. transp levels（最大透明程度）：控制透明物体被光线追踪的最大深度。
- Transp. cutoff(透明度中止)：控制对透明物体的追踪何时终止。

> 提示：当Max. transp levels（最大透明程度）和Transp. cutoff（透明度终止）两个参数保持默认时，具有透明材质属性的物体将正确显示其透明效果。

- Override mtl（材质替代）：勾选这个选项的时候，允许用户通过使用后面的材质槽指定的材质来替代场景中所有物体的材质来进行渲染。在实际工作中，常使用此参数来渲染白模，以观察大致灯光、场景明显效果，如图1.44所示。
- Glossy effects（材质平滑效果）：此选项在被选中的情况下，将采用场景中材质的模糊折射/反射。

图1.44

4.Indirect illumination（间接照明设置）组

- Don't render final image（不渲染最终的图像）：勾选的时候，VRay只计算相应的全局光照贴图（光子贴图、灯光贴图和发光贴图）。这对于渲染动画过程很有用。如图1.45所示分别为勾选和未勾选此选项时的效果，可以看到勾选此选项时没有渲染最终的图像。

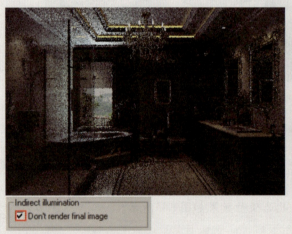

图1.45

5.Raytracing（光线追踪）组

- Secondary rays bias（二次光线偏移距离）：设置光线发生二次反弹的时候的偏移距离。

> 提示：当V-Ray，Indirect illumination(GI)（间接照明）卷展栏中的GI中开关关闭时，此选项对场景没有影响。

1.5.3 V-Ray：Image sampler(Antialiasing)[图像采样（抗锯齿）]卷展栏

V-Ray：Image sampler(Antialiasing)[图像采样（抗锯齿）]卷展栏如图1.46所示，其中主要参数作用为：

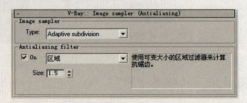

图1.46

1. Image sampler（采样设置）组

Type（采样器类型）：
- Fixed rate sampler(固定比率采样器)：这是VRay中最简单的采样器，对于每一个像素它使用一个固定数量的样本。

> 提示：通常进行测试渲染时使用此选项。

- Adaptive QMC （自适应QMC采样器）：这个采样器根据每个像素和它相邻像素的亮度差异产生不同数量的样本。选择此选项后，出现与其相关的 Adaptive QMC（自适应QMC采样器）卷展栏如图1.47所示，通过控制其中的参数可以控制成品品质。
- Adaptive subdivision sampler（自适应细分采样器）：在没有VRay模糊特效（直接GI、景深、运动模糊等）的场景中，它是最好的采样器。选择此选项后，出现与其相关的卷展栏如图1.48所示，通过控制其中的参数可以控制成品品质。

图1.47

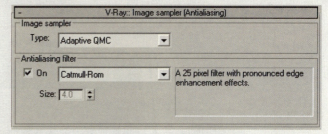
图1.48

2. Antialiasing filter（过滤方式设置）组

- On（抗锯齿开关）：在其右侧的下拉列表框中可以选择抗锯齿过滤器。
  下面介绍一些常用的抗锯齿过滤器：
- 区域：区域过滤器，这是一种通过模糊边缘来达到抗锯齿效果的方法，使用区域的大小设置来设置边缘的模糊程度。区域值越大，模糊程度越强烈。区域过滤器测试渲染时最常用的过滤器，默认参数效果如图1.49所示。

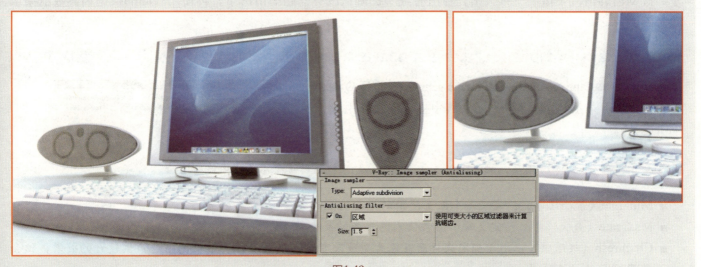
图1.49

- Mitchell-Netravali：可得到较平滑的边缘（很常用的过滤器），默认参数下的抗锯齿效果如图1.50所示。

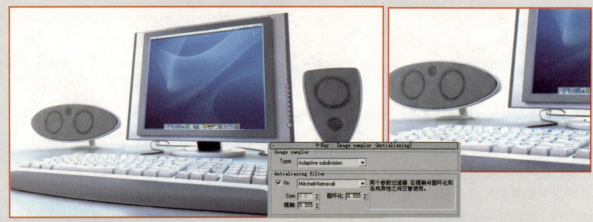

图1.50

- Catmull Rom（锐化）：可得到非常锐利的边缘（常用于最终渲染），默认参数下的抗锯齿效果如图1.51所示。

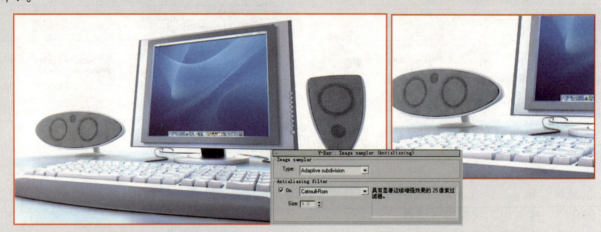

图1.51

是否开启抗锯齿参数，对于渲染时间的影响非常大，笔者通常习惯于在灯光、材质调整完成后，先在未开启抗锯齿的情况下渲染一张大图，等所有细节都确认没有问题的情况下，再使用较高的抗锯齿参数渲染最终大图。

1.5.4 V-Ray：Adaptive subdivision image sampler（自适应细分采样设置）卷展栏

V-Ray：Adaptive subdivision image sampler（自适应细分采样设置）卷展栏如图1.52所示，其中主要参数作用如下所述。

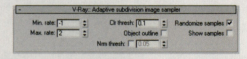

图1.52

> 提示：只有采用Adaptive subdivision（自适应细分）采样器时这个卷展栏才能被激活。

- Min. rate（最小比率）：定义每个像素使用的样本的最小数量。
- Max. rate（最大比率）：定义每个像素使用的样本的最大数量。
- Clr thresh（极限值）：用于确定采样器在像素亮度改变方面的灵敏性。较低的值会产生较好的效果，但会花费较多的渲染时间。
- Randomize samples（随机采样）：略微转移样本的位置以便在垂直线或水平线条附近得到更好的效果。
- Object outline（物体轮廓）：勾选的时候使得采样器强制在物体的边进行超级采样而不管它是否需要进行超级采样。这个选项在使用景深或运动模糊的时候会失效。
- Normals（法线）：勾选将使超级采样沿法线急剧变化。

1.5.5 V-Ray：Indirect illumination（GI）（间接照明）卷展栏

V-Ray：Indirect illumination(GI)（间接照明）卷展栏如图1.53所示，其中主要参数作用如下。

- On（开关）：决定是否计算场景中的间接光照明。

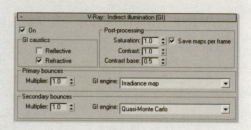

图1.53

1. GI caustics（焦散控制命令）组

- Refractive（GI折射焦散）：默认为开启状态。
- Reflective（GI反射焦散）：默认为关闭状态。
- Post-processing（后期加工选项组）：这里主要是对间接光照明在增加到最终渲染图像前进行一些额外的修正。

2. Post-processing（后期处理命令）组

这个命令组主要是对间接照明设置增加到最终渲染前进行的一些额外修正。

- Saturation（饱和度）：这个参数控制着全局间接照明下的色彩饱和程度。
- Contrast（对比度）：这个参数控制着全局间接照明下的明暗对比度。
- Contrast base(对比度基数)：这个参数和Contrast（对比度）参数配合使用。两个参数之间的差值越大，场景中的亮部和暗部对比强度越大。
- Save maps per frame（保存每一帧的贴图）：此选项默认为勾选，此时VRay在每一帧渲染结束后，允许自动保存发光贴图、光子贴图、灯光贴图、焦散等GI贴图，而且这些贴图将一直写在相同的文件中。取消勾选后，渲染之后只保存一次贴图。

3. Primary bounces（初级漫射反弹选项）组

- Multiplier（倍增值）：这个参数决定为最终渲染图像贡献多少初级漫射反弹。
- GI engine（全局光照引擎）：初级漫射反弹方法选择列表 Irradiance map。

4. Secondary bounces（次级漫射反弹选项）组

- Multiplier（倍增值）：确定在场景照明计算中次级漫射反弹的效果，图1.54所示为GI engine（全局光照引擎）选择Light cache（灯光缓存）后设置Multiplier（倍增值）数值为0.75时的效果，可以看出场景局部偏暗；图1.55所示为将此数值调整为1.0时的效果，可以看出场景的暗部得到较好的修正。

图1.54

图1.55

- GI engine（全局光照引擎）：次级漫射反弹方法选择列表 Light cache （灯光缓存），其中选择Light cache（灯光缓存），在时间与质量方面能够取得平衡。

1.5.6 V-Ray：Irradiance map（发光贴图设置）卷展栏

V-Ray：Irradiance map（发光贴图设置）卷展栏如图1.56所示，其中主要参数作用为：

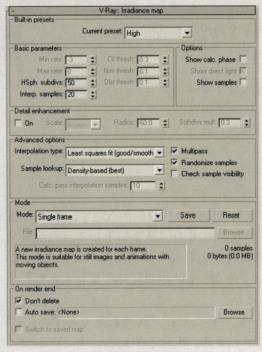

图1.56

1. Built-in presets（模式选择设置）组

Current preset（当前预设模式），系统提供了 8 种系统预设的模式供选择，如图1.57所示，如无特殊情况，这几种模式应该可以满足一般需要。

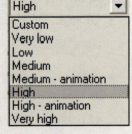

图1.57

- Very low（非常低）：这个预设模式仅仅对预览目的有用，只表现场景中的普通照明。
- low（低）：一种低品质的用于预览的预设模式。
- Medium（中等）：一种中等品质的预设模式，如果场景中不需要太多的细节，大多数情况下可以产生好的效果。
- Medium animation（中等品质动画模式）：一种中等品质的预设动画模式，目标就是减少动画中的闪烁。
- High（高）：一种高品质的预设模式，可以应用在最多的情形下，即使是具有大量细节的动画。
- High animation（高品质动画）：主要用于解决 High 预设模式下渲染动画闪烁的问题。
- Very High（非常高）：一种极高品质的预设模式，一般用于有大量极细小的细节或极复杂的场景。
- Custom（自定义）：选择这个模式你可以根据自己的需要设置不同的参数，这也是默认的选项。

2. Basic parameters（基本参数）组

- Min rate（最小比率）：这个参数确定 GI 首次传递的分辨率。
- Max rate（最大比率）：这个参数确定 GI 传递的最终分辨率。
- Clr thresh：Color threshold(颜色极限值) 的简写，这个参数确定发光贴图算法对间接照明变化的敏感程度。
- Nrm thresh：Normal threshold（法线极限值）的简写，这个参数确定发光贴图算法对表面法线变化的敏感程度。
- Dist thresh：Distance threshold（距离极限值）的简写，这个参数确定发光贴图算法对两个表面距离变化的敏感程度。

- **Blur GI（模糊GI）**：此参数可以对GI进行模糊处理，在渲染动画的时候能大幅度减弱闪烁现象。
- **HSph. subdivs**：Hemispheric subdivs（半球细分）的简写，这个参数决定单独的GI样本的品质。较小的取值可以获得较快的速度，但是也可能会产生黑斑，较高的取值可以得到平滑的图像。
- **Interp. samples**：Interpolation samples（插值的样本）的简写，定义被用于插值计算的GI样本的数量。较大的值会趋向于模糊GI的细节，虽然最终的效果很光滑，较小的取值会产生更光滑的细节，但是也可能会产生黑斑。

3. Options（选项命令）组

- **Show calc phase（显示计算相位）**：勾选的时候，VRay在计算发光贴图的时候将显示发光贴图的传递。同时会减慢一点渲染计算，特别是在渲染大的图像的时候。
- **Show direct light（显示直接照明）**：只在Show calc phase（显示计算相位）勾选的时候才能被激活。它将促使VRay在计算发光贴图的时候，显示初级漫射反弹除了间接照明外的直接照明。
- **Show samples（显示样本）**：勾选的时候，VRay将在VFB（VRay帧渲染窗口）窗口以小原点的形态直观地显示发光贴图中使用的样本情况。

4. Advanced Options（高级选项）组

高级选项组主要对发光贴图的样本进行高级控制。

- **Interpolation type（插补类型）**：系统提供了4种类型供选择，如图1.58所示。
- **Sample lookup（样本查找）**：这个选项在渲染过程中使用，它决定发光贴图中被用于插补基础的合适的点的选择方法。系统提供了4种方法供选择，如图1.59所示。

图1.58　　　　　　　　　　　图1.59

- **Calc. pass interpolation samples（计算传递插补样本）**：在发光贴图计算过程中使用，它描述的是已经被采样算法计算的样本数量。较好的取值范围是10～25。
- **Multipass（倍增设置）**：勾选状态下，发光贴图GI计算的次数将由Min rate和Max rate的间隔值决定。取消勾选后，GI预处理计算将合并成一次完成。
- **Randomize samples（随机样本）**：在发光贴图计算过程中使用，勾选的时候，图像样本将随机放置，不勾选的时候，将在屏幕上产生排列成网格的样本。默认勾选，推荐使用。
- **Check sample visibility（检查样本的可见性）**：在渲染过程中使用。它将促使VRay仅仅使用发光贴图中的样本，样本在插补点直接可见。可以有效地防止灯光穿透两面接受完全不同照明的薄壁物体时产生的漏光现象。当然，由于VRay要追踪附加的光线来确定样本的可见性，所以它会减慢渲染速度。

5. Mode（模式）组

模式工作组共提供了6种渲染模式，如图1.60所示。

选择哪一种模式需要根据具体场景的渲染任务来确定，不可能一个固定的模式能适合所有的场景。

- **Single frame（单帧模式）**：默认的模式，在这种模式下对于整个图像计算一个单一的发光贴图，每一帧都计算新的发光贴图。在分布式渲染的时候，每一个渲染服务器都各自计算它们自己针对整体图像的发光贴图。

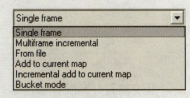

图1.60

- **Multiframe incremental（多重帧增加模式）**：这个模式在渲染仅摄像机移动的帧序列的时候很有用。VRay将会为第一个渲染帧计算一个新的全图像的发光贴图，而对于剩下的渲染帧，VRay设法重新使用或精炼已经计算了的存在的发光贴图。
- **From file（从文件模式）**：使用这种模式，在渲染序列的开始帧，VRay简单地导入一个提供的发光贴图，并在动画的所有帧中都是用这个发光贴图。整个渲染过程中不会计算新的发光贴图。
- **Add to current map（增加到当前贴图模式）**：在这种模式下，VRay将计算全新的发光贴图，并把它增加到内存中已经存在的贴图中。
- **Incremental add to current map（在已有的发光贴图文件中增补发光信息模式）**：在这种模式下，VRay将使用内存中已存在的贴图，仅仅在某些没有足够细节的地方对其进行精炼。
- **Bucket mode（块模式）**：在这种模式下，一个分散的发光贴图被运用在每一个渲染区域（渲染块）。这在使用分布式渲染的情况下尤其有用，因为它允许发光贴图在几部电脑之间进行计算。

6. On render end（渲染后）组

- **Don't delete（不删除）**：此选项默认勾选，意味着发光贴图将保存在内存中直到下一次渲染前，如果不勾选，VRay会在渲染任务完成后删除内存中的发光贴图。
- **Auto save（自动保存）**：如果这个选项勾选，在渲染结束后，VRay将发光贴图文件自动保存到指定的目录中。
- **Switch to saved map（切换到保存的贴图）**：这个选项只有在Auto save（保存）勾选的时候才能被激活，勾选的时候，VRay渲染器也会自动设置发光贴图为From file（从文件模式）模式。

1.5.7　V-Ray：Quasi-Monte Carlo GI（准蒙特卡罗全局光照）卷展栏

V-Ray中Quasi-Monte Carlo GI（准蒙特卡罗全局光照）卷展栏如图1.61所示，其中主要参数作用为：

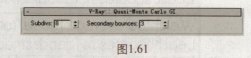

图1.61

 提示：这个卷展栏只有在用户选择Quasi-Monte Carlo（准蒙特卡罗）GI渲染引擎作为初级或次级漫射反弹引擎的时候才能被激活。

- **Subdivs（细分数值）**：设置计算过程中使用的近似的样本数量。

 提示：当Quasi-Monte Carlo（准蒙特卡罗）渲染引擎作为二次反弹使用时，Subdivs（细分）值的设置对于图面品质将不会产生任何作用。

- **Secondary bounces（次级反弹深度）**：这个参数只有当次级漫射反弹设为准蒙特卡罗引擎的时候才被激活。

1.5.8　V-Ray：Light cache（灯光缓存设置）卷展栏

V-Ray：Light cache（灯光缓存设置）卷展栏如图1.62所示，其中主要参数作用为：

 提示：这个卷展栏只有在用户选择Light cache（灯光缓存）渲染引擎作为初级或次级漫射反弹引擎的时候才能被激活。

图1.62

1. Calculation parameters（基本计算参数设置）组

此设置组控制着灯光缓存的基本计算参数。

- **Subdivs（细分）**：设置追踪摄影机发出的采样数量，实际的数量是该参数的平方。
- **Sample size（样本尺寸）**：设置灯光缓存中样本的间隔。较小的值意味着样本之间相互距离较近，灯光缓存将保护灯光锐利的细节，但是会产生噪波。
- Scale（比例）：主要用于确定样本尺寸和过滤器尺寸。提供了Scale和World两种类型。
- Number of passes（计算的次数）：用来设置灯光缓存计算的次数。
- Store direct light（存储直接光照明信息）：这个选项勾选后，灯光贴图中也将储存和插补直接光照明的信息。
- Show calc. phase（显示计算状态）：开启后会在虚拟帧缓冲器中显示计算的过程。

2. Reconstruction parameters（整体重设参数设置）组

- Pre-filter（预过滤器）勾选的时候，在渲染前灯光贴图中的样本会被提前过滤。其数值越大，效果越平滑，噪波越少。
- Filter（过滤器）这个选项确定灯光贴图在渲染过程中使用的过滤器类型。
- Use light cache for glossy rays（模糊光线使用灯光缓存）如果打开此项，灯光贴图将会把光泽效果一同进行计算，在具有大量光泽效果的场景中，有助于加快渲染速度。

1.5.9 V-Ray：Global photon map（全局光子贴图设置）卷展栏

V-Ray：Global photon map（全局光子贴图设置）卷展栏如图1.63所示，其中主要参数作用为：

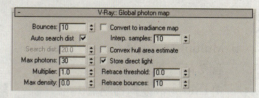

> 提示：这个卷展栏只有在用户选择photon map（光子贴图）渲染引擎作为初级或次级漫射反弹引擎的时候才能被激活。

图1.63

- Bounces（反弹次数）：控制光线反弹的次数。较大的反弹次数会产生更真实的效果，但是也会花费更多的渲染时间和占用更多的内存。
- Auto search dist（自动搜寻距离）：勾选的时候，VRay会估算一个距离来搜寻光子。
- Search dist（搜寻距离）：这个选项只有在Auto search dist（自动搜寻距离）不勾选的时候才被激活。
- Max photons（最大光子数）：该参数决定在场景中着色点周围参与计算的光子的数量，较高的取值会得到平滑的图像，同时渲染时间也会相应延长。
- Multipler（倍增值）：用于控制光子贴图的亮度。
- Max density（最大密度）：这个参数用于控制光子贴图的分辨率。
- Convert to irradiance map（转化为发光贴图）：开启后会预先计算存储在光子贴图中的光子碰撞点的发光信息，这样可以在渲染过程中使用较少的光子，同时保持平滑效果。
- Interp. samples（插补样本）：这个选项用于确定勾选Convert to irradiance map（转化为发光贴图）选项的时候，从光子贴图中进行发光插补使用的样本数量。
- Convex hull area estimate（凸起表面区域评估）：勾选后，基本上可以避免因此而产生的黑斑，但是同时会减慢渲染速度。
- Store direct light（存储直接光）：在光子贴图中同时保存直接光照明的相关信息。
- Retrace threshold（折回极限值）：设置光子进行来回反弹的倍增的极限值。
- Retrace bounces（折回反弹设置）：光子进行来回反弹的次数。数值越大，光子在场景中反弹次数越多，产生的图像效果越细腻平滑，但渲染时间就越长。

1.5.10 V-Ray：Environment（环境）卷展栏

V-Ray：Environment（环境）卷展栏如图1.64所示，其中主要参数作用为：

图1.64

1. GI Environment (skylight) override[GI 环境（天空光）]选项组

GI Environment (skylight) override[GI 环境（天空光）]选项组，允许你在计算间接照明的时候替代 3DS Max 的环境设置，这种改变 GI 环境的效果类似于天空光。

- On（开关）：只有在这个选项勾选后，其下的参数才会被激活。
- Color（颜色）：允许你指定背景颜色（即天空光的颜色）。图1.65所示分别为将颜色设置为蓝色和黄色时的效果。

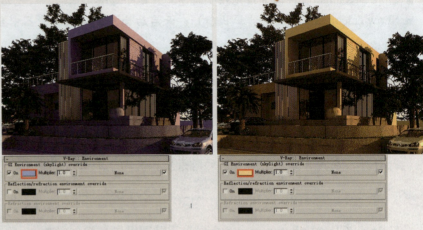

图1.65

- Multiplier（倍增值）：上面指定的颜色的亮度倍增值。图1.66所示分别为将倍增值设置为1.0和3.0时的效果。
- Map（贴图）：允许你指定背景贴图。添加贴图后，系统会忽略颜色的设置，优先选择贴图的设置。

图1.66

2. Reflection/refraction environment override（反射/折射环境）选项组

Reflection/refraction environment override（反射/折射环境）选项组，在计算反射/折射的时候替代 max 自身的环境设置。

- On（开关）：只有在这个选项勾选后，其下的参数才会被激活。如图1.67所示。

图1.67

- Color（颜色）：指定反射/折射颜色。物体的背光部分和折射部分会反映出设置的颜色。
- Multiplier（倍增值）：上面指定的颜色的亮度倍增值。改变受影响部分的整体亮度和受影响的程度。如图1.68所示。

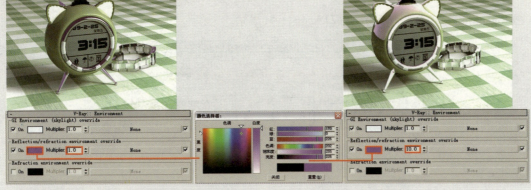

图1.68

- None（无）：材质槽，指定反射/折射贴图。

3. Refraction environment override（折射环境）选项组

Refraction environment override（折射环境）选项组，在计算折射的时候替代已经设置的参数对折射效果的影响，只受此选项组参数的控制。

- On（开关）：只有在这个选项勾选后，其下的参数才会被激活。
- Color（颜色）：指定折射部分的颜色。物体的背光部分和反射部分不受该颜色的影响。
- Multiplier（倍增值）：上面指定的颜色的亮度倍增值。改变折射部分的亮度。如图1.69所示。

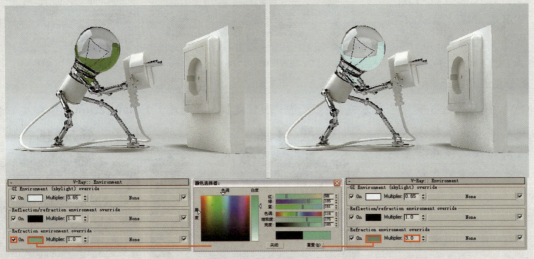

图1.69

- None（无）：材质槽，指定折射贴图。为其添加HDRI贴图后的效果如图1.70所示。

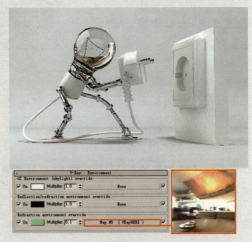

图1.70

1.5.11 V-Ray：Color mapping（色彩映射）卷展栏

V-Ray：Color mapping（色彩映射）卷展栏如图1.71所示。

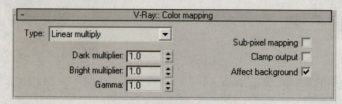

图1.71

1. 认识曝光方式

Type（类型）中包含了7种曝光方式，这里着重介绍其中的4种：

- **Linear multiply**（线性倍增曝光方式）：这种曝光方式的特点是能让图面的白色更明亮，所以该模式容易出现局部曝光现象，效果如图1.72所示。
- **Exponential**（指数曝光方式）：在参数设置相同的情况下，使用这种曝光方式不会出现局部曝光现象，但是会使图面色彩的饱和度降低。效果如图1.73所示。

图1.72

图1.73

- **HSV exponential**（色彩模型曝光方式）：所谓HSV就是Hus（色度）、Saturation（饱和度）和Value（纯度）的英文缩写，这种方式与上面提到的指数模式非常相似，但是它会保护色彩的色调和饱和度。效果如图1.74所示。
- **Intensity exponential**（亮度指数曝光方式）：这是与指数曝光类似的颜色贴图计算方式，在亮度上有一些保留。效果如图1.75所示。

图1.74

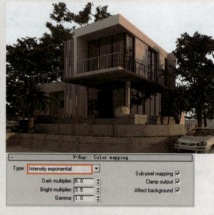

图1.75

> 提示：在实际的室内效果图制作过程中前三种曝光方式比较常用。

2. 认识倍增参数

- **Dark multiplier**（暗部倍增）用来对暗部进行亮度倍增。图1.76所示为Bright multiplier（亮部倍增）数值不变的情况下，分别将Dark multiplier（暗部倍增）设置为3.0与7.5时的渲染效果。

chapter 01
效果图及 VRay 参数

图1.76

- Bright multiplier（亮部倍增）：用来对亮部进行亮度倍增。图1.77所示为Dark multiplier（暗部倍增）数值不变的情况下，分别将Bright multiplier（亮部倍增）设置为1.0与3.2时的渲染效果。

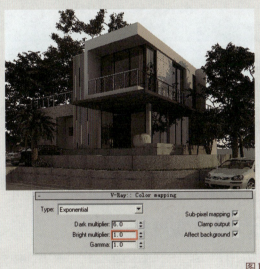

图1.77

1.5.12 V-Ray：Camera（摄像机）卷展栏

V-Ray：Camera（摄像机）卷展栏如图1.78所示，其中主要参数作用为：

1. Camera type（摄影机类型）

- Type（摄像机类型）：一般情况下，VRay中的摄像机是定义发射到场景中的光线，从本质上来说是确定场景是如何投射到屏幕上的。VRay支持几种摄像机类型：Standard（标准）、Spherical（球形）、Cylindrical point（点状圆柱）、Cylindrical (ortho)（正交圆柱）、Box（方体）、Fish eye（鱼眼）和Warped spherical（扭曲球状），同时也支持正交视图。

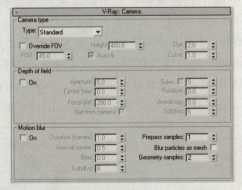

图1.78

- Override FOV（覆盖视野）：使用这个选项，可以替代 3DS Max 的视角。
- FOV（视野）：设置摄像机的视野范围。

- Height（高度）：这个选项只有在正交圆柱状的摄像机类型中有效，用于设定摄像机的高度。
- Auto-fit（自动适配）：这个选项在使用鱼眼类型摄像机的时候被激活。
- Dist（距离）：这个参数是针对鱼眼摄像机类型的。
- Curve（曲线）：这个参数也是针对鱼眼摄像机类型的。

2. Depth of field（景深）选项组

- Aperture(光圈)：使用世界单位定义虚拟摄像机的光圈尺寸。
- Center bias(中心偏移)：这个参数决定景深效果的一致性。
- Focal dist（焦距）：确定从摄像机到物体被完全聚焦的距离。
- Get from camera：从摄像机获取，当这个选项被激活的时候，如果渲染的是摄像机视图，焦距由摄像机的目标点确定。
- Side（边数）：这个选项让你模拟真实世界摄像机的多边形形状的光圈。
- Rotation（旋转）：指定光圈形状的方位。
- Anisotropy（各项异性）：当设置为正数时在水平方向延伸景深效果；当设置为负数时在垂直方向延伸景深效果。
- Subdivs（细分）：用于控制景深效果的品质。

3. Motion blur（运动模糊）选项组

- Duration(持续时间)：在摄像机快门打开的时候指定在帧中持续的时间。
- Interval center（间隔中心点）：指定运动模糊中心与帧之间的距离。
- Bias（偏移）：控制运动模糊效果的偏移。
- Prepass samples（预采样）：计算发光贴图的过程中在时间段有多少样本被计算。
- Blur particles as mesh（将粒子作为网格模糊）：用于控制粒子系统的模糊效果。
- Geometry samples（几何体采样）：设置产生近似运动模糊的几何学片断的数量。
- Subdivs（细分）：确定运动模糊的品质。

1.5.13 V-Ray：rQMC Sampler（准蒙特卡罗设置）卷展栏

V-Ray：rQMC Sampler（准蒙特卡罗设置）卷展栏如图1.79所示，其中主要参数作用为：

图1.79

- Adaptive amount（数量设置）：控制计算模糊特效采样数量的范围，值越小，渲染品质越高，渲染时间越长。值为1时，表示全应用；值为0时，表示不应用。
- Min samples（最小样本数）：决定采样的最小数量。一般设置为默认就可以了。
- Noise threshold（噪波极限值）：在评估一种模糊效果是否足够好的时候，控制VRay的判断能力，此数值对于场景中的噪点控制非常有效（但并非噪点的惟一控制参数），图1.80所示为将此数值设置为0.1时的渲染效果，图1.81所示为设置此数值为0.01时得到的效果，图1.82所示为设置参数为0.001所得到的效果。

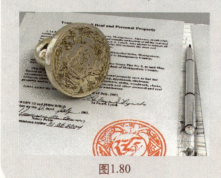

图1.80　　　　　　图1.81　　　　　　图1.82

> 提示：此项数值越小，图像质量越好，但渲染时间也就越长。

- Global subdivs multiplier（全局细分倍增）：可以通过设置这个数值来很快地增加或减小整体的采样细分设置。这个设置将影响全局。
- Time independent（时间约束设置）：这个设置开关针对渲染序列帧有效。

1.5.14　V-Ray：Default displacement（默认置换）卷展栏

V-Ray：Default displacement（默认置换）卷展栏如图1.83所示，其中主要参数作用为：

图1.83

- Override Max's（替代max）：勾选的时候，VRay将使用自己内置的微三角置换来渲染具有置换材质的物体。反之，将使用标准的3DS Max置换来渲染物体。图1.84所示分别为不勾选和勾选此选项时的效果。

图1.84

- Edge length（边长度）：用于确定置换的品质。值越小，产生的细分三角形越多，更多的细分三角形意味着，置换时渲染的图面效果体现出更多的细节，同时需要更长的渲染时间。图1.85所示分别为将边长度设置为2和20时的效果。

 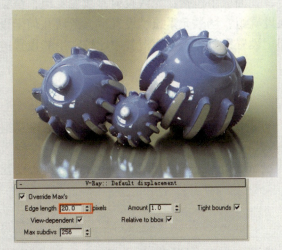

图1.85

- View-dependent（视图依据）：开启后边长度参数决定三角面的最大边长长度，取消勾选后三角面的最长边长度将使用世界单位。如图1.86所示。

图1.86

- Max. subdivs（最大细分数量）：设置原始网格体细分的最大数量。
- Amount（数量设置）：这个选项决定着置换的幅度。图1.87所示分别为将数量设置为-0.5和4.0时的效果。

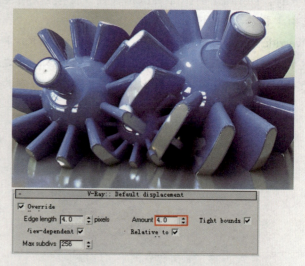

图1.87

- Relativ to bbox（相对于边界框）：这个选项用来对Amount（数量）设置值进行单位切换。
- Tight bounds（紧密界限）：开启后VRay将计算原始网格体的体积。如果使用的纹理贴图有大量的黑色或白色区域，可能需要对置换贴图进行预采样。

1.5.15　V-Ray：System（系统）卷展栏

V-Ray：System（系统）卷展栏为VRay的系统卷展栏，在这里用户可以控制多种VRay参数，如图1.88所示。这个设置面板中包括：光线投射参数设置组、渲染分割区域块设置组、场景元素属性设置组、默认几何学设置组、帧印记设置组等等。下面对其中比较常用的设置进行讲解。

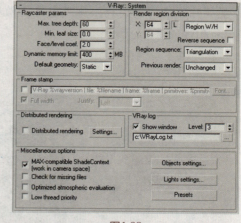

图1.88

1. Raycaster parameters（光线投射参数）设置组

在Raycaster parameters（光线投射参数）设置组中可以控制VRay二元空间划分树（BSP树）的相关参数。默认系统设置是比较合理的设置，一般使用默认设置就可以了。

2. Render region division（渲染分割区域块）设置组

这个选项组允许你控制渲染分割区域块的各种参数。这些渲染分割区域块正是VRay分布式渲染系统的基础部分。每一个渲染分割区域块都以矩形的方式出现，并且每一块相对其他块都是独立的，分布式渲染的另一个特点就是，如果是多个CPU设置的话，渲染分割区域块可以设置分布在多个CPU进行处理，以有效利用资

效果图及 VRay 参数

chapter 01

源。如果场景中有大量的置换贴图物体、VRayProxy（VRay替代）或VRayFur（VRay毛发）物体时，系统默认的方式是最好的选择。这个设置组只是设置渲染过程中的显示方式，不影响最后的渲染结果。

- X：当选择Region W/H（渲染像素的长度和宽度）模式的时候，以像素为单位确定渲染块的最大宽度；在选择Region Count（最大区域块数量设置值）模式的时候，以像素为单位确定渲染块的水平尺寸。
- Y：当选择Region W/H模式的时候，以像素为单位确定渲染块的最大高度；在选择Region Count（最大区域块数量设置值）模式的时候，以像素为单位确定渲染块的垂直尺寸。
- Region sequence（渲染块次序）：确定在渲染过程中块渲染进行的顺序。其中 Top->Bottom 为从上到下渲染；Left->Right 为从左到右渲染；Checker 为以类似于棋盘格子的顺序渲染；Spiral 为以螺旋形顺序渲染；Triangulation 为以三角形的顺序渲染；Hilbert curve 为以希耳伯特曲线的计算顺序执行渲染。
- Reverse sequence（反向顺序）：勾选后它就采取与Region sequence（反向顺序）设置相反的顺序进行渲染。
- Previous render（上次渲染）：这个参数确定在渲染开始的时候，在帧缓冲中以什么样的方式显示先前渲染的图像，从而方便我们区分和观察两次渲染的差异。

3. Frame stamp（帧印记）设置组

帧印记设置组也就是水印设置，可以设置在渲染输出的图像下侧记录这个场景的一些相关信息。

- Font（字体）：设置显示信息的字体。
- Full width（全部宽度）：显示占用图像的全部宽度，否则显示文字实际宽度。
- Justify（对齐）：指定文字在图像中的位置。Left为文字居左，Center为文字居中，Right为文字居右。

帧印记只有一行，显示的内容有限，为了得到需要的信息，可以通过设置信息编辑框来得到需要的信息内容，如图1.89所示。

图1.89

4. Distributed rendering（分布式渲染）设置组

分布式渲染是在几台计算机上同时渲染同一张图片的过程。实现分布式渲染要满足的条件是：在多台设备中同时安装了3DS Max和VRay，而且是相同的版本；多台参与计算的设备上相关软件已经成功开启，运行正常。

- Distributed rendering（分布式渲染）：勾选该选项后开启分布式渲染。
- Settings（设置）：单击此按钮可以弹出VRay Networking settings（VRay网络设置）对话框，在对话框中可以添加或删除进行分布式渲染的计算机。

5. VRay log（日志）

VRay渲染过程中会将各种信息都记录下来保存到VRay log（日志）中方便查阅。为是否显示信息窗口，勾选为显示。为显示级别：1为显示错误信息；2为显示错误信息和警告信息；3为显示错误、警告和情报信息；4为显示所有信息。为保存路径。

6.Miscellaneous options(其他选项)组

- MAX-compatible ShadeContext(work in camera space)[最大化材质内容（可视范围）]：默认勾选状态下一般可以得到较好的兼容性。

35

- Check for missing files(检查丢失的文件)：检查缺少的文件，勾选的时候，VRay会试图在场景中寻找任何缺少的文件，并把它们列表。
- Optimized atmospheric evaluation（优化大气计算）：勾选这个选项，可以使VRay优先评估大气效果，而大气后面的表面只有在大气非常透明的情况下才会被考虑着色。
- Low thread priority（低优先级线程）：低线程优先，勾选的时候，将促使VRay在渲染过程中使用较低的优先权的线程，避免抢占系统资源。
- Object Settings（物体设置）：物体设置，点击会弹出VRay object properties（VRay物体设置）对话框。在这个对话框中可以设置VRay 渲染器中每一个物体的局部参数，这些参数都是在标准的3DS Max物体属性面板中无法设置的，例如GI、焦散、直接光照、反射、折射等属性。
- Light Settings（灯光设置）：点击会弹出VRay light properties（VRay灯光设置）对话框，如图1.90所示。在这个对话框中可以为场景中的灯光指定焦散或全局光子贴图的相关参数设置，左边是场景中所有可用光源的列表，右边是被选择光源的参数设置。还有一个 max 选择设置列表，可以很方便有效地控制光源组的参数。其中 Generate caustics: ☑ 勾选时产生焦散；Caustic subdivs: 1500 为焦散细分值，增大该值将减慢焦散光子贴图的计算速度；Caustics multiplier: 1.0 为焦散倍增，增大数值表示灯光产生焦散的能力增加。
- Presets：VRay预设，单击会弹出VRay Presets对话框，如图1.91所示。在这个对话框中你可以将VRay的各种参数保存为一个text文件，方便你快速地再次导入它们。

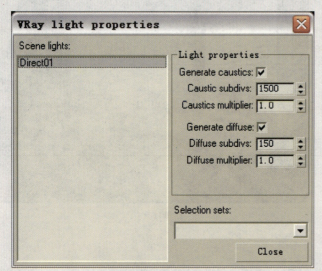

图1.90

图1.91

第2章 / 吧台空间表现

Chapter 02

3ds Max+VRay

2.1 吧台空间简介

本章实例是一个现代风格的吧台空间。
本场景采用了日光的表现手法，案例效果如图2.1所示。

图2.1

图2.2所示为吧台模型的线框效果图。

图2.2

下面首先进行测试渲染参数设置，然后进行灯光设置。

2.2 吧台测试渲染设置

打开配套光盘中的"第2章\吧台源文件.max"场景文件，如图2.3所示，可以看到这是一个已经创建好的吧台场景模型，并且场景中的摄像机已经创建好。

下面首先进行测试渲染参数设置，然后进行灯光设置。灯光布置包括室外天光、日光和室内光源的建立。

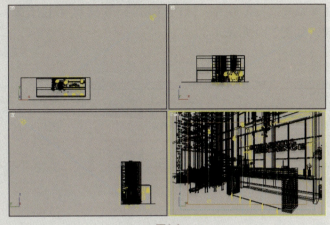

图2.3

2.2.1 设置测试渲染参数

测试渲染参数的设置步骤如下。

Step 01 按F10键打开"渲染场景"对话框，在"公用"选项卡的"指定渲染器"卷展栏中单击"产品级"右侧的 ... （选择渲染器）按钮，然后在弹出的"选择渲染器"对话框中选择安装好的V-Ray Adv 1.5 RC3渲染器，如图2.4所示。

Step 02 在"公用"选项卡的"公用参数"卷展栏中设置较小的图像尺寸，如图2.5所示。

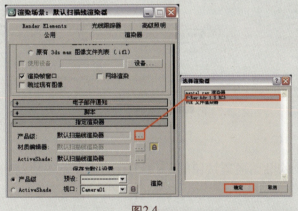

图2.4

图2.5

Step 03 进入"渲染器"选项卡，在V-Ray:: Global switches(全局开关)卷展栏中设置参数，如图2.6所示。

⚠ 提示：Default lights为默认灯光开关。勾选表示开启默认灯光设置，取消勾选表示关闭默认灯光。

Step 04 进入V-Ray:: Image sampler (Antialiasing)（抗锯齿采样）卷展栏中，参数设置如图2.7所示。

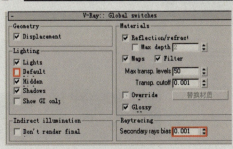

图2.6

图2.7

Step 05 在 V-Ray:: Indirect illumination (GI)（间接照明）卷展栏中设置参数，如图2.8所示。

Step 06 在 V-Ray:: Irradiance map（发光贴图）卷展栏中设置参数，如图2.9所示。

Step 07 在 V-Ray:: Light cache（灯光缓存）卷展栏中设置参数，如图2.10所示。

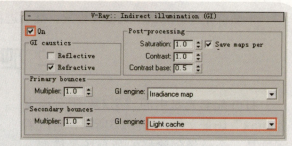

图2.8

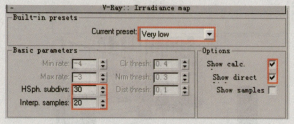

图2.9

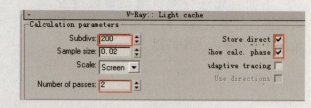

图2.10

提示：预设测试渲染参数是根据自己的经验和计算机本身的硬件配置得到的一个相对低的渲染设置，读者可将上图中的数据作为参考，也可以自己尝试一些其他的参数设置。

Step 08 在 V-Ray:: Environment（环境）卷展栏中设置参数，点击 Reflection/refraction environment override 右侧的贴图通道按钮，为其添加一个VRayHDRI程序贴图，参数设置如图2.11所示。

图2.11

Step 09 把 Reflection/refraction environment override 右侧的贴图通道按钮的VRayHDRI程序贴图拖动到材质球上，参数设置如图2.12所示。HDRI文件为本书配套光盘提供的"第7章\贴图\xhdr0.hdr"文件。

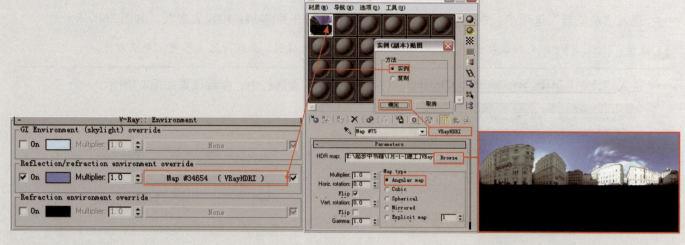

图2.12

2.2.2 布置场景灯光

本场景光线来源主要为室外天光、日光和室内灯光，在为场景创建灯光前，首先用一种白色材质覆盖场景中的所有物体，这样便于观察灯光对场景的影响。

Step 01 按M键打开"材质编辑器"对话框，选择一个空白材质球，单击其 Standard 按钮，在弹出的"材质/贴图浏览器"对话框中选择 VRayMtl 材质，将材质命名为"替换材质"，具体参数设置如图2.13所示。

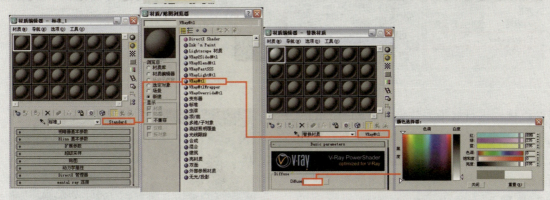

图2.13

Step 02 按F10键打开"渲染场景"对话框，进入"渲染器"选项卡，在 V-Ray:: Global switches 卷展栏中，勾选Override mtl前的复选框，然后进入"材质编辑器"对话框中，将"替换材质"材质的材质球拖放到Override mtl右侧的NONE贴图通道按钮上，并以"实例"方式进行关联复制，具体参数设置如图2.14所示。

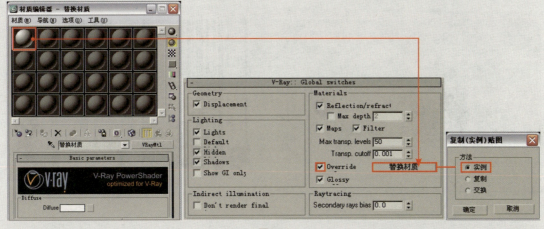

图2.14

Step 03 下面开始创建室外的日光，单击 （创建）按钮进入创建命令面板，单击 （灯光）按钮，在下拉菜单中选择"标准"选项，然后在"对象类型"卷展栏中单击 目标平行光 按钮，在视图中创建一盏目标平行光，位置如图2.15所示。参数设置如图2.16所示。

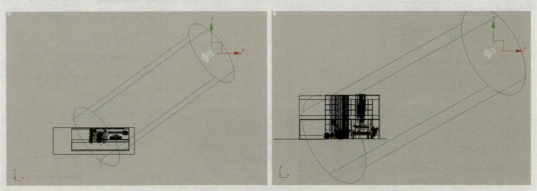

图2.15

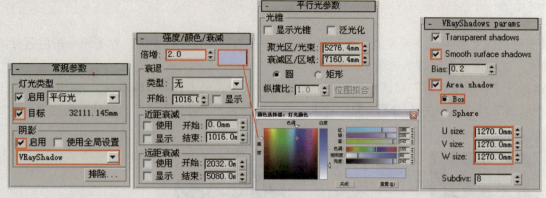

图2.16

Step 04 对摄像机视图进行渲染,效果如图2.17所示。

Step 05 下面开始天光的创建。单击 (创建)按钮进入创建命令面板,单击 (灯光)按钮,在下拉菜单中选择VRay选项,然后在"对象类型"卷展栏中单击 VRayLight 按钮,在窗口处创建一盏VRayLight面光源,位置如图2.18所示。

图2.17

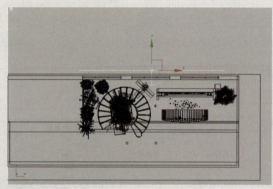
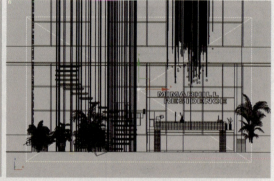

图2.18

Step 06 灯光参数设置如图2.19所示。

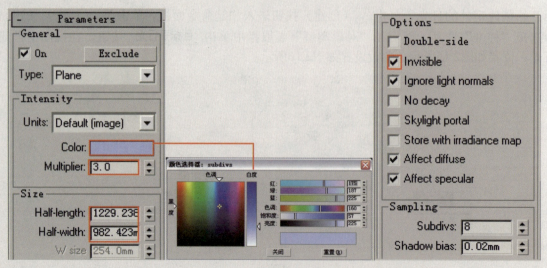

图2.19

Step 07 对摄像机视图进行渲染，效果如图2.20所示。

Step 08 室外灯光创建完毕，下面开始创建室内顶棚处的筒灯灯光。单击 (创建)按钮进入创建命令面板，单击 (灯光)按钮，在下拉菜单中选择"光度学"选项，然后在"对象类型"卷展栏中单击 目标点光源 按钮，在如图2.21所示位置创建一个目标点光源来模拟室内的筒灯灯光。

图2.20

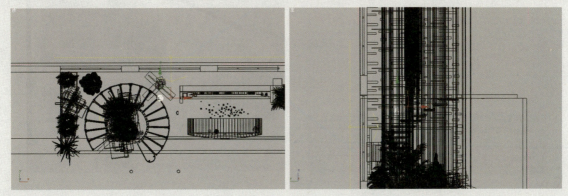

图2.21

Step 09 进入修改命令面板对创建的目标点光源参数进行设置，如图2.22所示。光域网文件为本书配套光盘提供的"第2章\贴图\5（1060cd）.IES"文件。

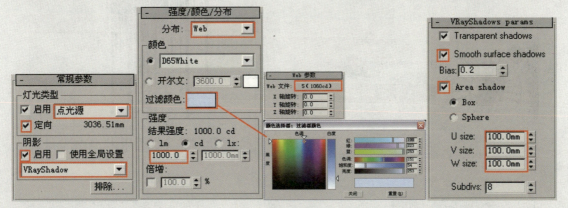

图2.22

Step 10 在视图中，选中刚刚创建的顶部筒灯灯光，将其关联复制出8盏，调整灯光位置如图2.23所示。

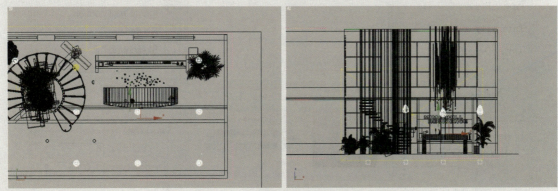

图2.23

Step 11 对摄像机视图进行渲染，效果如图2.24所示。

Step 12 从渲染效果中可以发现场景由于灯光的照射，被照亮部分曝光严重，下面通过调整场景二次反弹参数来降低场景亮度。按F10键打开"渲染场景"对话框，进入"渲染器"选项卡，在 V-Ray:: Color mapping 卷展栏中进行参数设置如图2.25所示。再次渲染效果如图2.26所示。

图2.24

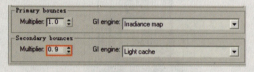

图2.25

图2.26

Step 13 下面开始创建吧台背景墙灯带灯光。在如图2.27所示位置创建一盏VRayLight面光源，参数设置如图2.28所示。

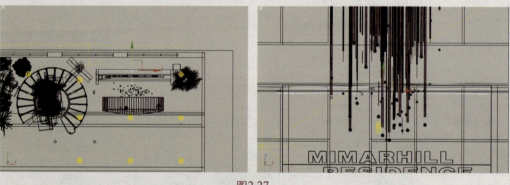

图2.27

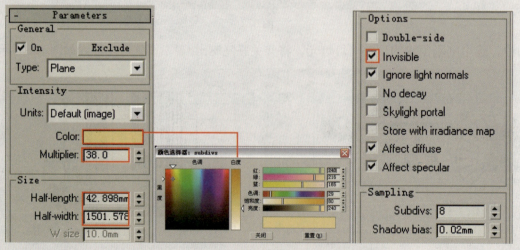

图2.28

Step 14 在视图中,选中刚刚创建的VRayLight面光源,将其关联复制出3盏,调整灯光位置如图2.29所示。

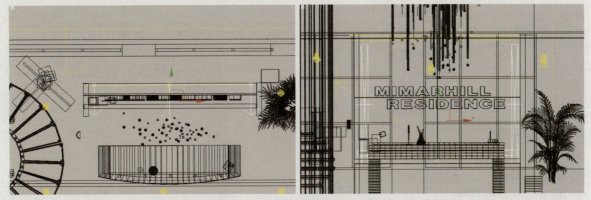

图2.29

Step 15 对摄像机视图进行渲染,效果如图2.30所示。

Step 16 接下来创建吧台底部的射灯灯光,在如图2.31所示位置创建一盏 目标点光源 ,参数设置如图2.32所示。光域网文件为本书配套光盘提供的"第2章\贴图\TD-193.IES"文件。

图2.30

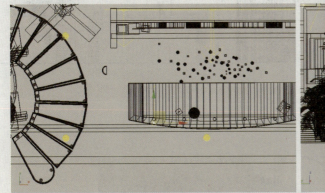
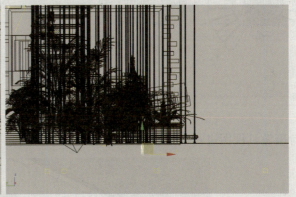

图2.31

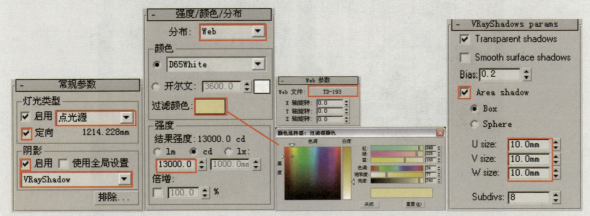

图2.32

Step 17 为了得到正确的光照效果，需要使灯光排除对一些物体的影响，如图2.33所示。

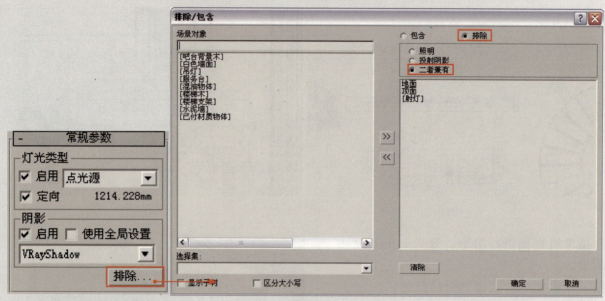

图2.33

Step 18 在视图中，选中刚刚创建的吧台底部射灯灯光，将其关联复制出4盏，调整灯光位置如图2.34所示。

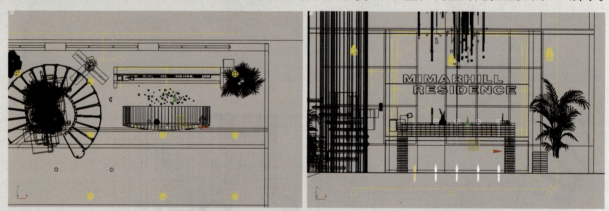

图2.34

Step 19 对摄像机视图进行渲染，局部效果如图2.35所示。

图2.35

Step 20 下面创建室内补光,在图2.36所示位置创建一盏VRayLight面光源,参数设置如图2.37所示。

图2.36

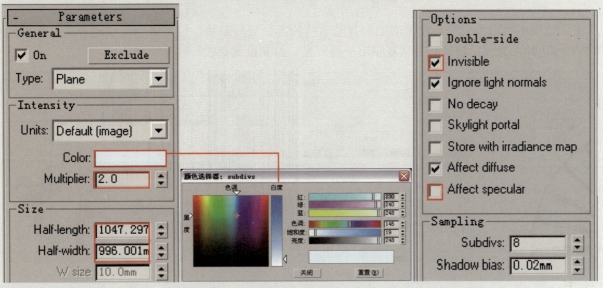

图2.37

Step 21 在视图中,选中刚刚创建的吧台底部射灯灯光,将其关联复制出1盏,调整灯光位置如图2.38所示。

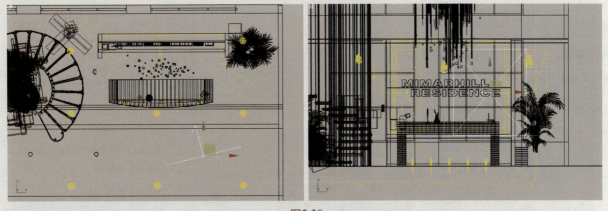

图2.38

Step 22 对摄像机视图进行渲染,效果如图2.39所示。

图2.39

Step 23 从渲染结果中可以看到吧台左侧的吧台背景木结构部分有些偏暗，接下来为其创建补光，选中刚刚创建的VRayLight面光源，将其非关联复制出一盏灯光，灯光设置如图2.40所示。

图2.40

Step 24 灯光参数设置如图2.41所示，因为需要提亮的物体只有左侧的吧台木结构部分，所以灯光只对左侧的吧台背景木产生影响即可，具体参数设置如图2.42所示。

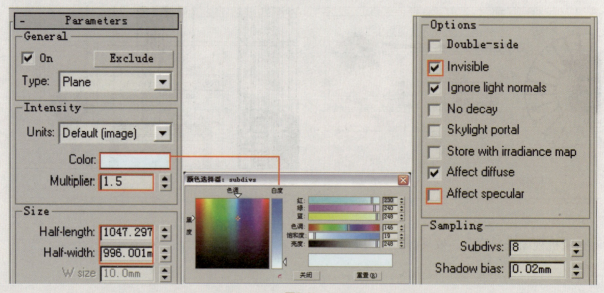

图2.41

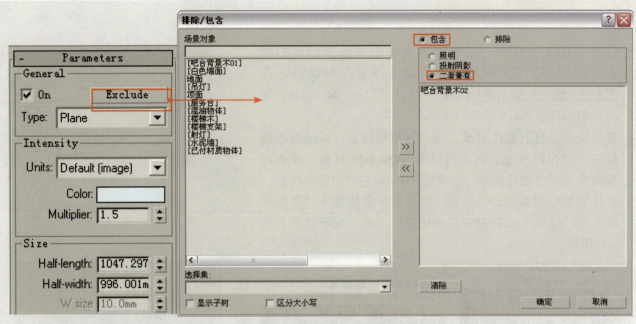

图2.42

Step 25 对摄像机视图进行渲染，效果如图2.43所示。

图2.43

上面分别对室外的天光、日光和室内的辅助光源进行了测试，最终测试结果比较满意，测试完灯光效果后，下面进行材质设置。

2.3 设置场景材质

吧台的材质是比较丰富的，主要集中在石材、玻璃、金属等材质设置上，如何很好地表现这些材质的效果是表现的重点与难点。

下面对材质进行分类，并分不同的小节进行讲述。

 提示：在制作模型的时候就必须清楚物体的材质的区别，将同一种材质的物体进行成组或附加，这样可以为赋予物体材质提供很多方便。

2.3.1 设置场景主体材质

Step 01 在设置场景材质前，首先要取消前面对场景物体的材质替换状态。按F10键打开"渲染场景"对话框，在 `V-Ray:: Global switches` 卷展栏中，取消Override mtl前的复选框的勾选状态，如图2.44所示。

Step 02 首先设置白色乳胶漆材质。在"材质编辑器"对话框中选择一个空白材质球，将其设置为 VRayMtl 材质，并将材质命名为"白色乳胶漆"，单击Diffuse右侧的颜色按钮，具体参数设置如图2.45所示。将材质指定给物体"白色墙面"及"顶面"，对摄像机视图进行渲染，局部效果如图2.46所示。

图2.44

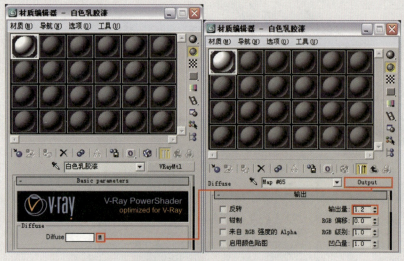

图2.45

图2.46

> 提示：VRayMtl可以代替3ds Max的默认材质，使用它可以方便快捷地表现出物体的反射、折射效果，它还可以表现出真实的次表面散射效果（SSS效果），如皮肤、玉石等物体的半透明效果。

Step 03 接下来设置地砖材质。在"材质编辑器"对话框中选择一个空白材质球，将其设置为 VRayMtl 材质，并将材质命名为"地砖"，单击Diffuse右侧的贴图通道按钮，为其添加一个"位图"贴图。具体参数设置如图2.47所示。贴图文件为本书配套光盘提供的"第2章\贴图\爵士白0.jpg"文件。

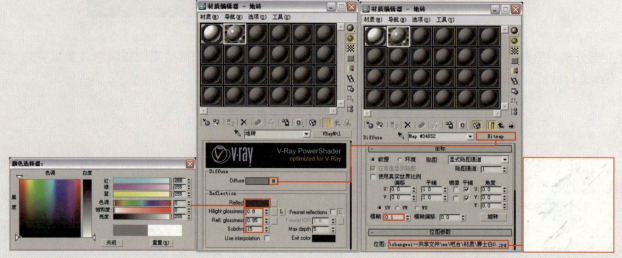

图2.47

Step 04 返回VRayMtl材质层级，进入Maps卷展栏，把Diffuse右侧的贴图通道按钮拖动到Bump右侧的贴图通道按钮上进行复制操作，具体参数设置如图2.48所示。将材质指定给物体"地面"，对摄像机视图进行渲染，局部效果如图2.49所示。

提示：在本场景中部分物体材质已经事先设置好了，在此只对一些主要的、有代表性的材质进行讲解。

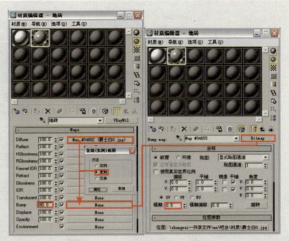

图2.48

图2.49

Step 05 接下来设置木质材质。在"材质编辑器"对话框中选择一个空白材质球，将其设置为 VRayMtl 材质，并将材质命名为"木质材质"，单击Diffuse右侧的贴图通道按钮，为其添加一个"位图"贴图，具体参数设置如图2.50所示。贴图文件为本书配套光盘提供的"第2章\贴图\06-ro.jpg"文件。

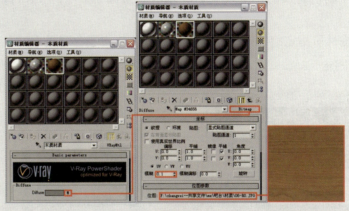

图2.50

Step 06 返回VRayMtl材质层级，单击Reflect右侧的贴图按钮，为其添加一个"衰减"程序贴图，具体参数设置如图2.51所示。

Step 07 将材质指定给物体"服务台"，对摄像机视图进行渲染，局部效果如图2.52所示。

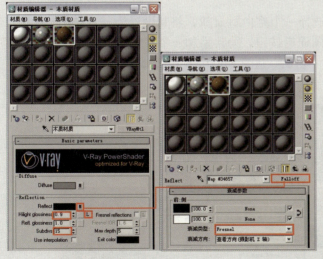

图2.51

图2.52

Step 08 接下来设置木纹材质。选择一个空白材质球，将其设置为 VRayMtl 材质，并将材质命名为"木纹"，单击Diffuse右侧的贴图按钮，为其添加一个"位图"贴图，具体参数设置如图2.53所示。贴图文件为本书配套光盘提供的"第2章\贴图\06-ro 副本.jpg"文件。

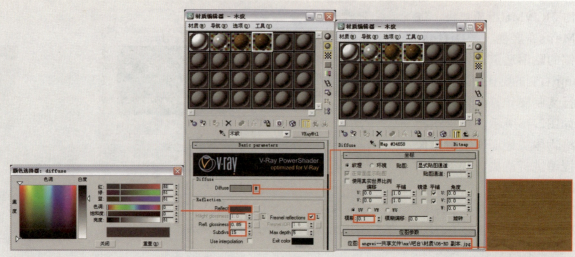

图2.53

Step 09 为了控制该材质的色溢现象,为木纹材质添加一个"VRay材质包裹"材质,具体参数设置如图2.54所示。

Step 10 最后将材质指定给物体"吧台背景木01"及"吧台背景木02",对摄像机视图进行渲染,局部效果如图2.55所示。

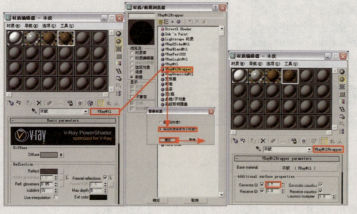

图2.54

图2.55

Step 11 下面设置楼梯木材质。在"材质编辑器"对话框中选择一个空白材质球,将其设置为 VRayMtl 材质,并将材质命名为"楼梯木",单击Diffuse右侧的贴图通道按钮,为其添加一个"位图"贴图,具体参数设置如图2.56所示。贴图文件为本书配套光盘提供的"第2章\贴图\wood_26_diffuse.jpg"文件。

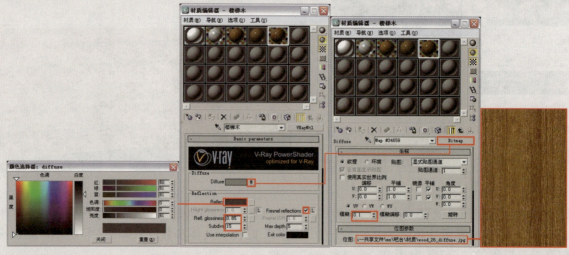

图2.56

Step 12 为了控制该材质的色溢现象，为楼梯木材质添加一个"VRay材质包裹"材质，具体参数设置如图2.57所示。

Step 13 将材质指定给物体"楼梯木"，对摄像机视图进行渲染，局部效果如图2.58所示。

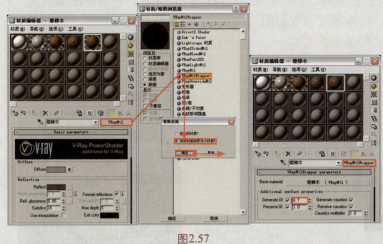

图2.57

图2.58

Step 14 下面制作水泥墙面材质，选择一个空白材质球，将其设置为 VRayMtl 材质，并将材质命名为"水泥墙面"，单击Diffuse右侧的贴图通道按钮，为其添加一个"位图"贴图，具体参数设置如图2.59所示。贴图文件为本书配套光盘提供的"第2章\贴图\arch24_sand.jpg"文件。

Step 15 返回VRayMtl材质层级，进入Maps卷展栏，把Diffuse右侧的贴图通道按钮拖动到Bump右侧的贴图通道按钮上进行复制操作，具体参数设置如图2.60所示。将材质指定给物体"水泥墙"，对摄像机视图进行渲染，局部效果如图2.61所示。

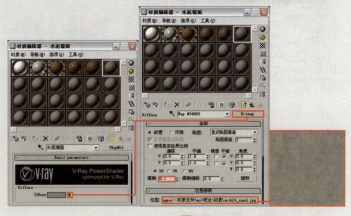

图2.59

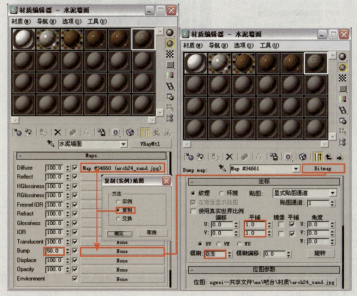

图2.60

图2.61

2.3.2 设置场景其他材质

Step 01 接下来设置白色混油材质。选择一个空白材质球，将其设置为 VRayMtl 材质，并将材质命名为"白色混油"，单击Diffuse右侧的颜色按钮，具体参数设置如图2.62所示。将材质指定给物体"混油物体"，对摄像机视图进行渲染，局部效果如图2.63所示。

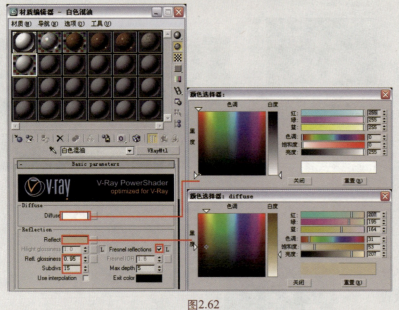

图2.62

图 2.63

Step 02 接下来设置不锈钢材质。选择一个空白材质球，将其设置为 VRayMtl 材质，并将材质命名为"不锈钢"，单击Diffuse右侧的颜色按钮，具体参数设置如图2.64所示。将材质指定给物体"楼梯支架"，对摄像机视图进行渲染，局部效果如图2.65所示。

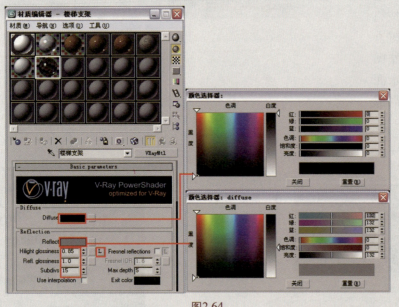

图2.64

图2.65

> 提示：Reflect（反射）是靠颜色的灰度来控制的，颜色越白反射越强，越黑反射越弱；而这里选择的颜色则是反射出来的颜色。单击旁边的按钮，可以使用贴图的灰度来控制反射的强弱（颜色分为色度和灰度，灰度是控制反射的强弱的，色度是控制反射出什么颜色）。

Step 03 下面设置玻璃材质。选择一个空白材质球，将其设置为 VRayMtl 材质，并将材质命名为"玻璃"，单击Diffuse右侧的颜色按钮，具体参数设置如图2.66所示。

Step 04 返回VRayMtl材质层级，进入Refraction选项组进行参数设置，如图2.67所示。最后将材质指定给物体"吊灯"，对摄像机视图进行渲染，局部效果如图2.68所示。

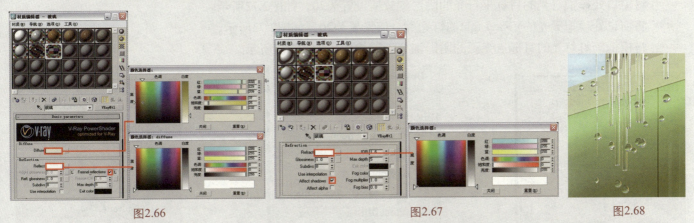

图2.66　　　　　　　　　图2.67　　　　　图2.68

至此，场景的灯光测试和材质设置都已经完成，下面将对场景进行最终渲染设置。最终渲染设置将决定图像的最终渲染品质。

2.4 最终渲染设置

2.4.1 最终测试灯光效果

场景中材质设置完毕后需要对场景进行渲染，观察此时的场景效果。对摄像机视图进行渲染，效果如图2.69所示。

观察渲染效果，场景光线稍微有点暗，调整一下曝光参数，设置如图2.70所示。再次对摄像机视图进行渲染，效果如图2.71所示。

图2.69

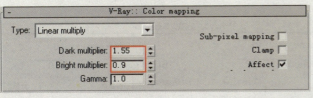

图2.70

图2.71

观察渲染效果，场景光线不需要再调整，接下来设置最终渲染参数。

2.4.2 灯光细分参数设置

Step 01 将窗口处模拟日光的目标平行光的阴影细分值设置为20，如图2.72所示。
Step 02 将窗口处模拟天光的VRayLight的灯光细分值设置为20，如图2.73所示。
Step 03 将模拟筒灯灯光的目标点光源的阴影细分设置为12，如图2.74所示。

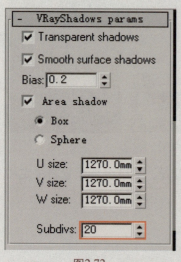

图2.72

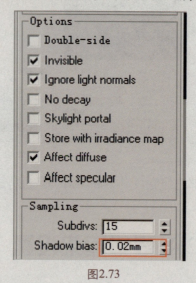

图2.73

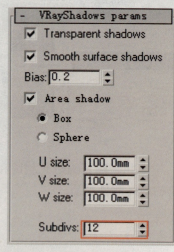

图2.74

2.4.3 设置保存发光贴图和灯光贴图的渲染参数

为了更快地渲染出比较大尺寸的最终图像，可以先使用小的图像尺寸渲染并保存发光贴图和灯光贴图，然后再渲染大尺寸的最终图像。保存发光贴图和灯光贴图的渲染设置如下。

Step 01 首先在 `V-Ray:: Global switches` 卷展栏中勾选Don't render final image选项，如图2.75所示。

 提示：勾选该选项后，VRay将只计算相应的全局光子贴图，而不渲染最终图像，从而节省一定的渲染时间。

图2.75

Step 02 下面进行渲染级别设置。进入 `V-Ray:: Irradiance map` 卷展栏，设置参数如图2.76所示。
Step 03 进入 `V-Ray:: Light cache` 卷展栏，设置参数如图2.77所示。

图2.76

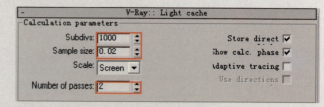

图2.77

Step 04 在 `V-Ray:: rQMC Sampler` （准蒙特卡罗采样器）卷展栏中设置参数如图2.78所示，这是模糊采样设置。

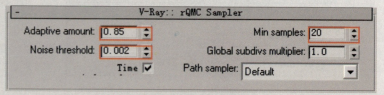

图2.78

Step 05 渲染级别设置完毕，接下来设置保存发光贴图的参数。在 V-Ray:: Irradiance map 卷展栏中，激活On render end区域中的Don't delete和Auto save复选框，单击Auto save后面的 Browse 按钮，在弹出的自动保存发光贴图对话框中输入要保存的"发光贴图.vrmap"文件名以及选择保存路径，如图2.79所示。

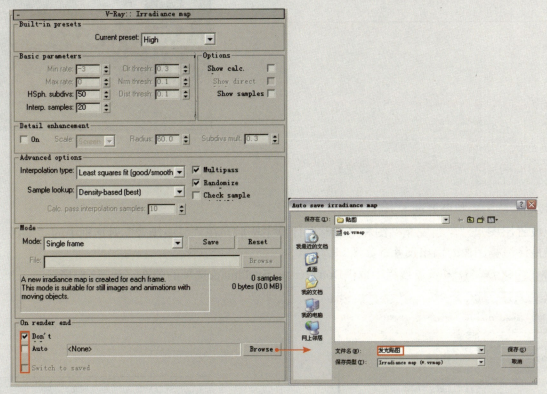

图2.79

Step 06 同样在 V-Ray:: Light cache 卷展栏中，激活On render end区域中的Don't delete和Auto save复选框，单击Auto save后面的 Browse 按钮，在弹出的自动保存发光贴图对话框中输入要保存的"灯光贴图.vrlmap"文件名以及选择保存路径，如图2.80所示。

图2.80

> 提示：激活发光贴图和灯光贴图的Switch to saved map选项，当渲染结束之后，当前的发光贴图模式将自动转换为From file类型，并直接调用之前保存的发光贴图文件。

Step 07 保持"公用"选项卡中的测试时的输出大小，对摄像机视图进行渲染，效果如图2.81所示。由于这次设置了较高的渲染采样参数，渲染时间也增加了。

⚠ 提示：由于勾选了Don't render final image选项，可以发现系统并没有渲染最终图像，渲染完毕发光贴图和灯光贴图将保存到指定的路径中，并在下一次渲染时自动调用。

图2.81

2.4.4 最终成品渲染

最终成品渲染的参数设置如下。

Step 01 首先设置出图尺寸。当发光贴图和灯光贴图计算完毕后，在"渲染场景"对话框中的"公用"选项卡中设置最终渲染图像的输出尺寸，如图2.82所示。

Step 02 在V-Ray:: Global switches卷展栏中取消Don't render final image选项的勾选，如图2.83所示。

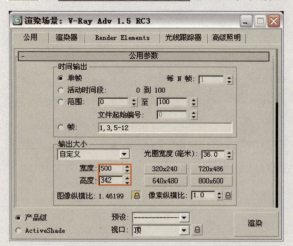

图2.82

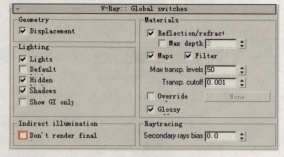

图2.83

Step 03 在V-Ray:: Image sampler (Antialiasing)卷展栏中设置抗锯齿和过滤器，如图2.84所示。

Step 04 最终渲染完成的效果如图2.85所示。

图2.84

图2.85

Step 05 为了方便在后期为图像添加外景，所以为窗玻璃渲染一个黑白通道文件。具体制作方法是：选择材质编辑器中已经设置好的材质，将其设置为"标准"材质，所有物体设置为黑色（窗玻璃隐藏），背景设置为白色，用3D自带渲染器渲染即可，如图2.86所示。

Step 06 背景设置为白色，如图2.87所示。

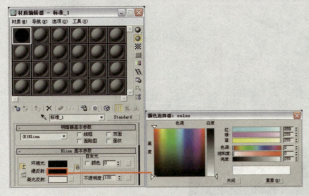

图2.86

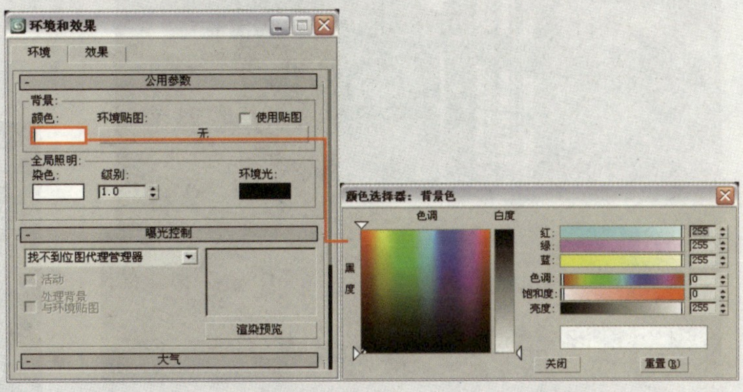

图2.87

Step 07 将场景中的灯光删除，其他参数不变的情况下对摄影机视图进行渲染，将渲染出来的图像保存为TIF格式的文件，最后通道效果如图2.88所示。

在3ds Max中的操作都已经完成，下面的后期处理将会在Photoshop软件中进行。

图2.88

2.5　Photoshop后期处理

Step 01 在Photoshop CS3软件中打开渲染图及通道图（在Photoshop中可以同时打开多个文件），如图2.89所示。

Step 02 把窗玻璃通道利用 （移动工具）拖动到最终图上（拖动的同时按住Shift键），如图2.90所示。

图2.89

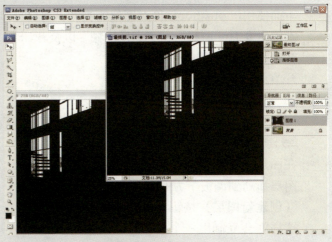

图2.90

Step 03 利用"魔棒工具"选中白色部分,然后激活"图层0",按下Delete将最终图的窗玻璃部分删除,如图2.91所示。

图2.91

Step 04 打开本书配套光盘提供的素材"第2章\贴图\land043.jpg"文件,将其拖入正在处理的效果文件中,调整图层的位置到图层"建筑"的下方,并将图层更名为"图层2",注意在图像中调整其位置,如图2.92所示。

图2.92

Step 05 下面使用Photoshop软件对图像的亮度、对比度以及饱和度进行调整,使效果更加生动、逼真。主要使用到的命令有"曲线"、"高斯模糊"以及"USM 锐化"等。

Step 06 在Photoshop CS3软件中打开渲染图,选择菜单栏中的"图像|调整|亮度/对比度"命令,参数设置如图2.93所示。

Step 07 在图层调板中将"背景"图层拖动到调板下方的 ■ (创建新图层)按钮上,这样就会复制出一个副本图层,如图2.94所示。

图2.93

图2.94

Step 08 对复制出的图层进行高斯模糊处理,选择菜单栏中的"滤镜|模糊|高斯模糊"命令,参数设置如图2.95所示。

Step 09 将副本图层的混合模式设置为柔光,将不透明度设置为40%,如图2.96所示。

图2.95

图2.96

Step 10 按Ctrl+E键合并可见图层,最后对图像进行锐化处理,选择菜单栏中的"滤镜|锐化|USM 锐化"命令,设置如图2.97所示。效果如图2.98所示。

图2.97

图2.98

Step 11 经过Photoshop处理后的最终效果如图2.99所示。

图2.99

第3章 会议室表现

Chapter 03

3ds Max+VRay

3.1 会议室空间简介

本章案例展示了一个现代会议室空间。场景中运用了大量樱桃木作为装饰，会议室在渲染的时候应该体现它严肃庄重的一面，在色彩的运用上更要趋于和谐。

本场景采用了天光和室内灯光的表现手法，案例效果如图3.1所示。

图3.1

图3.2所示为会议室模型的线框效果图。

图3.2

下面首先进行测试渲染参数设置，然后进行灯光设置。

3.2 会议室测试渲染设置

打开本书配套光盘中的"第9章\会议室源文件.max"场景文件，如图3.3所示，可以看到这是一个已经创建好的会议室场景模型，并且场景中的摄像机已经创建好。

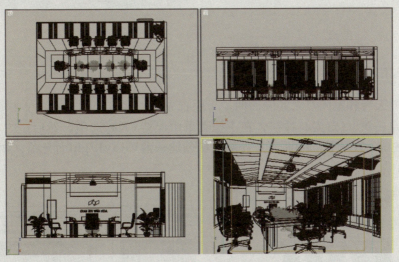

图3.3

下面首先进行测试渲染参数设置，然后为场景布置灯光。灯光布置包括室外阳光、天光和室内灯光等光源的创建，其中室外阳光和天光为场景的主要照明光源，对场景的亮度及层次起决定性作用。

3.2.1 设置测试渲染参数

测试渲染参数的设置步骤如下。

Step 01 按F10键打开"渲染场景"对话框，渲染器已经设置为V-Ray Adv 1.5 RC3渲染器，在"公用参数"卷展栏中设置较小的图像尺寸，如图3.4所示。

Step 02 进入"渲染器"选项卡，在 V-Ray:: Global switches (全局开关)卷展栏中的参数设置如图3.5所示。

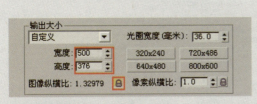

图3.4

图3.5

Step 03 进入 V-Ray:: Image sampler (Antialiasing) (抗锯齿采样)卷展栏中，参数设置如图3.6所示。

Step 04 在 V-Ray:: Indirect illumination (GI) (间接照明)卷展栏中设置参数，如图3.7所示。

图3.6

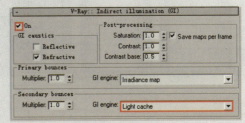

图3.7

Step 05 在 `V-Ray:: Irradiance map`（发光贴图）卷展栏中设置参数，如图3.8所示。

Step 06 在 `V-Ray:: Light cache`（灯光缓存）卷展栏中设置参数，如图3.9所示。

图3.8

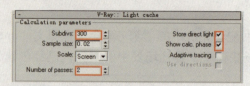
图3.9

3.2.2 布置场景灯光

Step 01 本场景主要由室外天光和室内灯光共同照明，下面首先来创建室外的天光。单击 （创建）按钮进入创建命令面板，再单击 （灯光）按钮，在下拉菜单中保持VRay选项，然后在"对象类型"卷展栏中单击 `VRayLight` 按钮，在场景的阳面窗户外部区域创建一盏VRayLight面光源，如图3.10所示。灯光参数设置如图3.11所示。

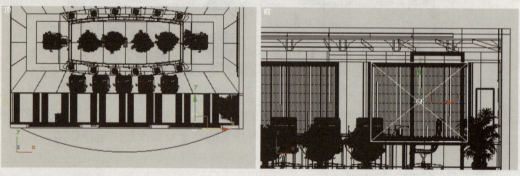
图3.10

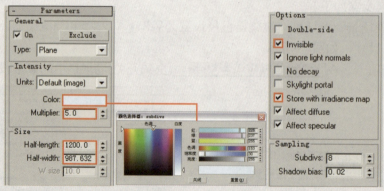
图3.11

Step 02 在顶视图选中刚刚创建的VRayLight01，将其沿X轴反方向关联复制出一盏，灯光位置如图3.12所示。

图3.12

Step 03 物体"百叶窗"没有赋材质，先将其隐藏，然后对摄像机视图进行渲染，效果如图3.13所示。

图3.13

Step 04 接着创建室外天光。在顶视图选中刚刚创建的两盏VRayLight灯光，将其关联复制出2组，灯光的位置如图3.14所示。

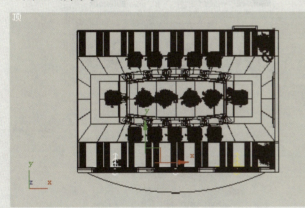 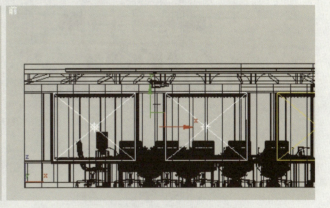

图3.14

Step 05 对摄像机视图进行渲染，效果如图3.15所示。

图3.15

Step 06 从渲染画面可以看到，当前场景曝光比较严重，下面通过调整场景曝光参数来改善场景亮度。按F10键打开"渲染场景"对话框，进入"渲染器"选项卡，在 V-Ray:: Color mapping （色彩映射）卷展栏中进行曝光控制，参数设置如图3.16所示。再次渲染效果如图3.17所示。

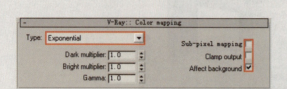
图3.16

图3.17

Step 07 室外的灯光已创建完毕，下面来创建室内的灯光效果。首先设置场景中暗藏灯带效果。在如图3.18所示位置创建一盏VRayLight面光源，灯光的参数设置如图3.19所示。

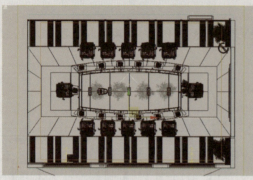

图3.18

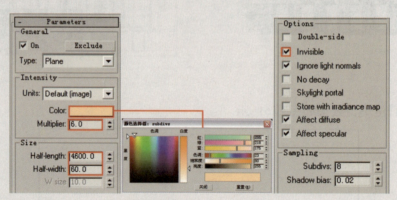

图3.19

Step 08 在顶视图选中刚刚创建的VRayLight面光源，通过移动、旋转、缩放等工具将其关联复制出3盏，位置如图3.20所示。

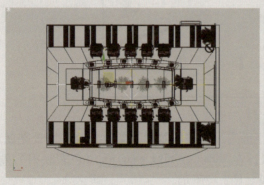
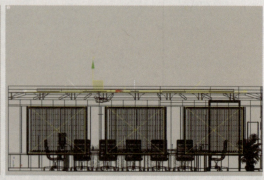

图3.20

Step 09 对摄像机视图进行渲染，此时效果如图3.21所示。

图3.21

Step 10 接下来设置顶棚部分的灯光。在图3.22所示位置创建一盏VRayLight面光源，灯光的参数设置如图3.23所示。

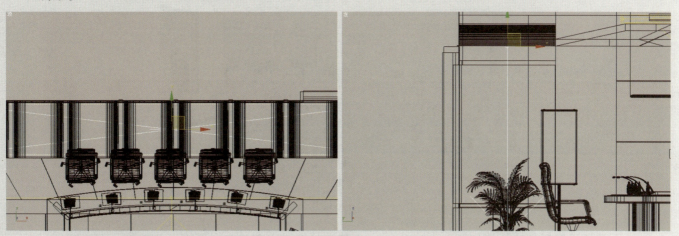

图3.22

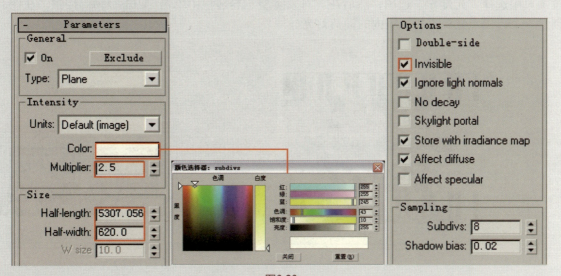

图3.23

Step 11 在视图选中刚刚创建的VRayLight面光源，通过移动、旋转、缩放等工具将其关联复制出1盏，位置如图3.24所示。

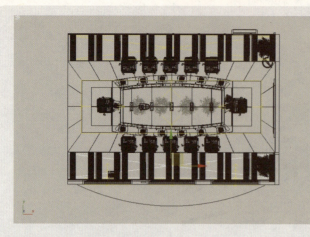
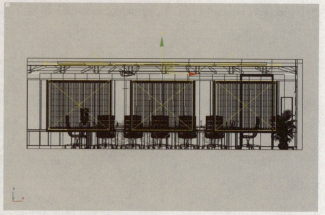

图3.24

Step 12 对摄像机视图进行渲染，此时效果如图3.25所示。

图3.25

Step 13 下面开始设置顶棚处的筒灯灯光。单击 （创建）按钮进入创建命令面板，单击 （灯光）按钮，在下拉菜单中选择"光度学"选项，然后在"对象类型"卷展栏中单击 自由点光源 按钮，在图3.26所示位置创建一个自由点光源来模拟室内的筒灯灯光。

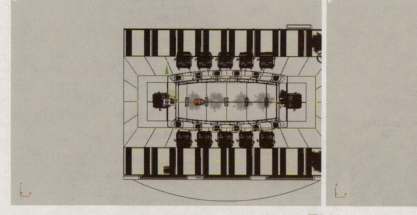
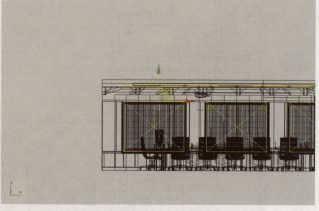

图3.26

Step 14 进入修改命令面板对创建的自由点光源参数进行设置，如图3.27所示。光域网文件为本书配套光盘提供的"第4章\贴图\16.IES"文件。

chapter 03
会议室表现

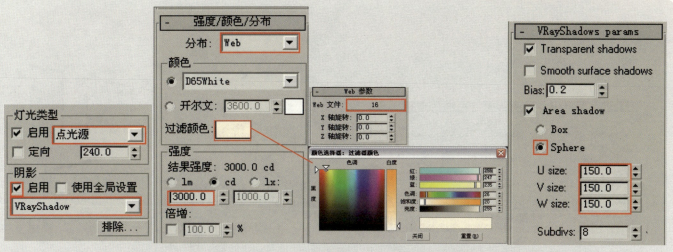

图3.27

Step 15 在视图中，选中刚刚创建的目标点光源，将其关联复制出6盏灯光，调整灯光位置，如图3.28所示。

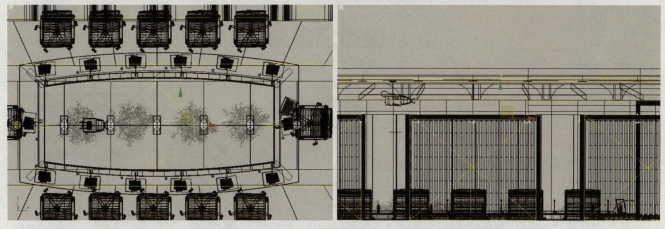

图3.28

Step 16 对摄像机视图进行渲染，效果如图3.29所示。

图3.29

Step 17 上面分别对室外的天光和室内的辅助光源进行了测试，最终测试结果感觉场景有点亮，下面对 `V-Ray:: Indirect illumination (GI)` （间接照明）参数进行设置，如图3.30所示。再次对摄像机视图进行渲染，效果如图3.31所示。

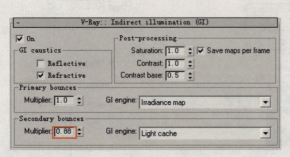
图3.30

图3.31

上面已经对场景的灯光进行了布置,最终测试结果比较令人满意,测试完灯光效果后,下面进行材质设置。

3.3 设置场景材质

为了提高设置场景材质时的测试渲染速度,可以在灯光布置完毕后对测试渲染参数下的发光贴图和灯光贴图进行保存,然后在设置场景材质时调用保存好的发光贴图和灯光贴图进行测试渲染,从而提高渲染速度。

Step 01 首先来设置百叶窗材质。选择一个空白材质球,将其设置为VRayMtl材质,并将材质命名为"百叶窗"。单击Diffuse右侧的贴图通道按钮,为其添加一个"位图"贴图,具体参数设置如图3.32所示。贴图文件为本书配套光盘提供的"第9章\贴图\百叶片.jpg"。

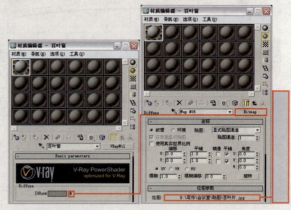
图3.32

Step 02 返回VRayMtl材质层级,单击Refract右侧的颜色按钮,具体参数设置如图3.33所示。将材质指定给物体"百叶窗",对摄像机视图进行渲染,局部效果如图3.34所示。

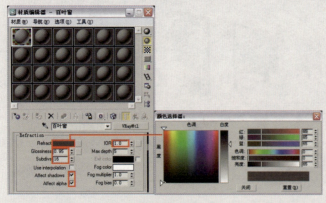
图3.33

图3.34

Step 03 下面设置地毯材质。选择一个空白材质球,将其设置为VRayMtl材质,并将材质命名为"地毯"。单击Diffuse右侧的贴图通道按钮,为其添加一个"位图"贴图,具体参数设置如图3.35所示。贴图文件为本书配套光盘提供的"第9章\贴图\cloth013.jpg"。

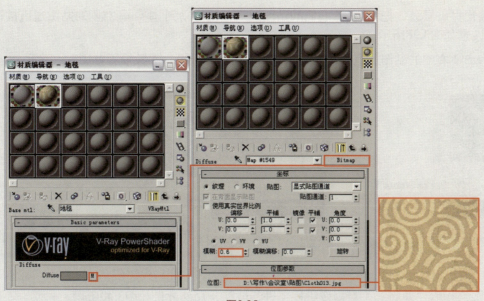

图3.35

Step 04 返回VRayMtl材质层级,进入Maps卷展栏,单击Bump右侧的贴图通道按钮,为其添加一个"斑点"程序贴图,具体参数设置如图3.36所示。

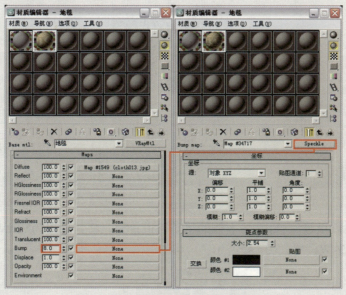

图3.36

Step 05 由于地面材质饱和度较高且面积较大,很容易造成色溢现象,下面为其材质添加 VRayOverrideMtl (VRay替代材质),从而解决色溢问题,具体操作如图3.37所示。

图3.37

Step 06 在VRay替代材质层级，把 Base material: 右侧的贴图通道按钮拖动到 GI material: 右侧的贴图通道按钮上进行关联复制，参数设置如图3.38所示。

Step 07 点击 GI material: 右侧的贴图通道按钮，进入VRayMtl材质层级，参数设置如图3.39所示。

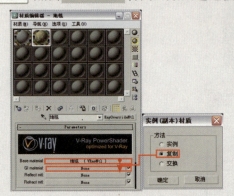

图3.38　　　　　　　　　　　图3.39

Step 08 将材质指定给物体"地面"，对摄像机视图进行渲染，局部效果如图3.40所示。

Step 09 下面设置场景中的木质墙面材质。选择一个空白"标准"材质球，将其设置为"多维\子对象"材质，并将材质命名为"木质墙面"，参数设置如图3.41所示。

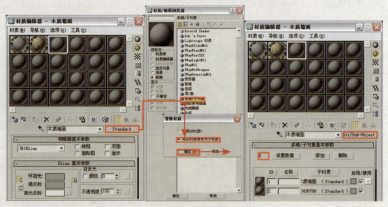

图3.40　　　　　　　　　　　图3.41

Step 10 在"多维\子对象"材质层级，单击ID1右侧的材质通道按钮，将其设置为VRayMtl材质，并将材质设置为"磨砂金属"材质，参数设置如图3.42所示。

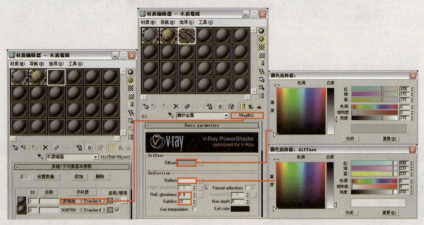

图3.42

Step 11 返回"多维\子对象"材质层级，单击ID2右侧的材质通道按钮，将其设置为VRayMtl材质，并将材质设置为"窗套木质"材质，参数设置如图3.43所示。贴图文件为本书配套光盘提供的"第9章\贴图\ae__03.jpg"。

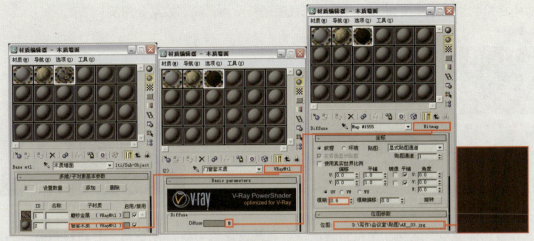

图3.43

Step 12 返回VRayMtl材质层级，单击Reflect右侧的贴图通道按钮，为其添加一个"衰减"程序贴图，具体参数设置如图3.44所示。

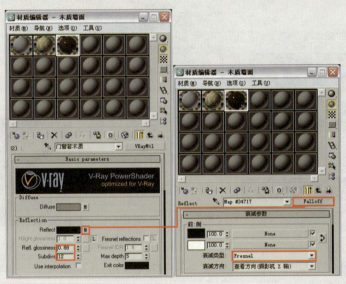

图3.44

Step 13 由于墙面材质饱和度较高且面积较大，很容易造成色溢现象，下面为其材质添加 VRayOverrideMtl（VRay替代材质），从而解决色溢问题，具体操作如图3.45所示。

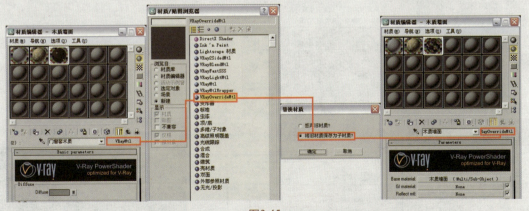

图3.45

Step 14 在VRay替代材质层级，点击 GI material: 右侧的贴图通道按钮，将材质设置为VRayMtl材质，并将材质命名为"色溢"，参数设置如图3.46所示。

Step 15 将材质指定给物体"木质墙面",对摄像机视图进行渲染,局部效果如图所3.47示。

图3.46

图3.47

Step 16 下面设置会议桌木质。选择一个空白材质球,将其设置为VRayMtl材质,并将材质命名为"会议桌木质"。单击Diffuse右侧的贴图通道按钮,为其添加一个"位图"贴图,具体参数设置如图3.48所示。贴图文件为本书配套光盘提供的"第9章\贴图\樱桃木3.jpg"。

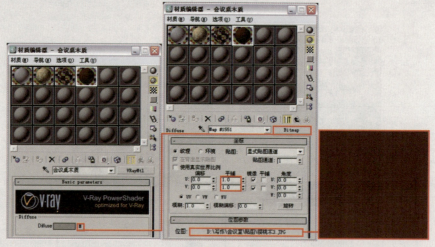
图3.48

Step 17 返回VRayMtl材质层级,单击Reflect右侧的贴图通道按钮,为其添加一个"衰减"程序贴图,具体参数设置如图3.49所示。将材质指定给物体"会议桌",对摄像机视图进行渲染,局部效果如图3.50所示。

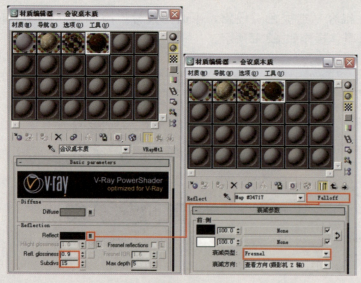
图3.49

图3.50

Step 18 接下来设置椅子皮革材质。选择一个空白材质球,将其设置为VRayMtl材质,并将材质命名为"椅子皮革"。单击Diffuse右侧的贴图通道按钮,为其添加一个"位图"贴图,具体参数设置如图3.51所示。贴图文件为本书配套光盘提供的"第9章\贴图\皮革013.jpg"。

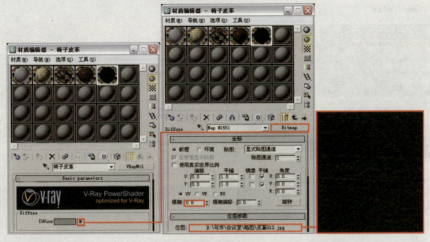

图3.51

Step 19 返回VRayMtl材质层级,单击Reflect右侧的贴图通道按钮,为其添加一个"衰减"程序贴图,具体参数设置如图3.52所示。

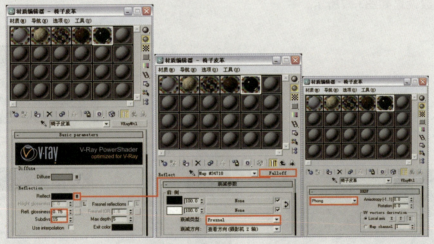

图3.52

Step 20 返回VRayMtl材质层级,进入Maps卷展栏,把Diffuse右侧的贴图通道按钮拖动到Bump右侧的贴图通道按钮上进行关联复制,具体参数设置如图3.53所示。

Step 21 将材质指定给物体"椅子皮革",对摄像机视图进行渲染,局部效果如图3.54所示

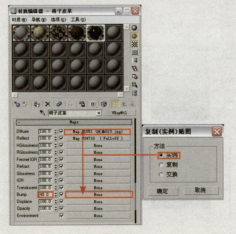

图3.53

图3.54

Step 22 椅子金属的设置。选择一个空白材质球,将其设置为VRayMtl材质,并将其命名为"椅子金属"。单击Diffuse右侧的颜色按钮,具体参数设置如图3.55所示。

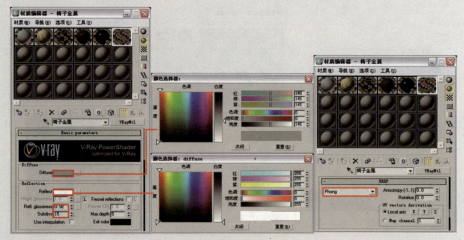

图3.55

Step 23 将材质指定给物体"椅子金属",对摄像机视图进行渲染,局部效果如图3.56所示。

Step 24 水桶塑料材质的设置。选择一个空白材质球,将其设置为VRayMtl材质,并将材质命名为"台灯灯罩",具体参数设置如图3.57所示。

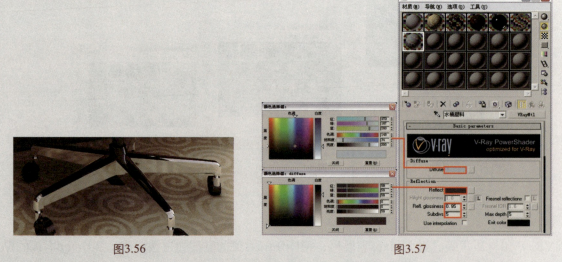

图3.56   图3.57

Step 25 在VRayMtl材质层级,单击Refract右侧的贴图通道按钮,具体参数设置如图3.58所示。

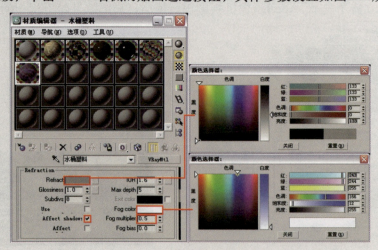

图3.58

Step 26 将材质指定给物体"水桶",对摄像机视图进行渲染,局部效果如图3.59所示。

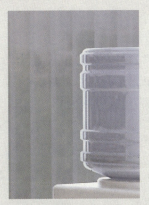

图3.59

至此,场景的灯光测试和材质设置都已经完成,下面将对场景进行最终渲染设置。

3.4 最终渲染设置

3.4.1 最终测试灯光效果

场景中材质设置完毕后需要取消对发光贴图和灯光贴图的调用,再次对场景进行渲染,观察此时的场景效果,如图3.60所示。

图3.60

观察渲染效果发现场景整体太暗,下面将通过提高曝光参数来提高场景亮度,参数设置如图3.61所示。再次渲染效果如图3.62所示。

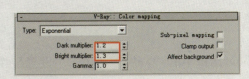

图3.61　　　　　　　　图3.62

观察渲染效果，场景光线不需要再调整，接下来设置最终渲染参数。

3.4.2 灯光细分参数设置

Step 01 将用来模拟室外天光VRayLight面光源的灯光细分值设置为20，如图3.63所示。
Step 02 然后将模拟室内顶部光源的VRayLight面光源的灯光细分值设置为16，如图3.64所示。
Step 03 最后将模拟筒灯的自由点光源的阴影细分值设置为12，如图3.65所示。

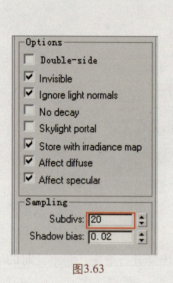
图3.63

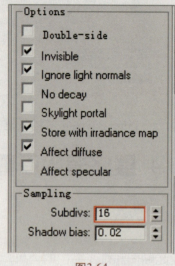
图3.64

图3.65

3.4.3 设置保存发光贴图和灯光贴图的渲染参数

在前几章中已经多次讲解保存发光贴图和灯光贴图的方法，这里就不再重复，只对渲染级别设置进行讲解。

Step 01 进入 `V-Ray:: Irradiance map` 卷展栏，设置参数如图3.66所示。
Step 02 进入 `V-Ray:: Light cache` 卷展栏，设置参数如图3.67所示。

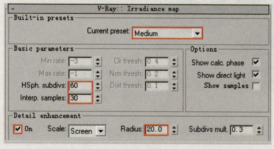
图3.66

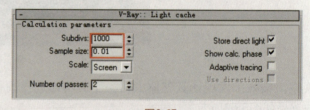
图3.67

Step 03 在 `V-Ray:: rQMC Sampler` （准蒙特卡罗采样器）卷展栏中设置参数如图3.68所示，这是模糊采样设置。

渲染级别设置完毕，最后设置保存发光贴图和灯光贴图的参数并进行渲染即可。

图3.68

3.4.4 最终成品渲染

最终成品渲染的参数设置如下。

Step 01 当发光贴图和灯光贴图计算完毕后，在"渲染场景"对话框中的"公用"选项卡中设置最终渲染图像的输出尺寸，如图3.69所示。

Step 02 在 V-Ray:: Image sampler (Antialiasing) 卷展栏中设置抗锯齿和过滤器，如图3.70所示。

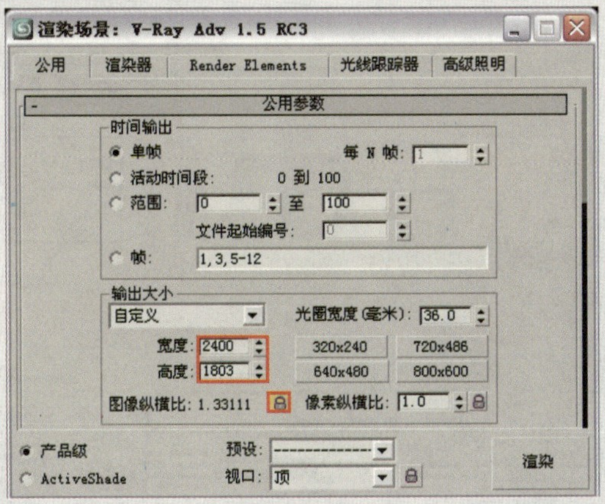

图3.69

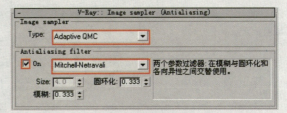

图3.70

Step 03 最终渲染完成的效果如图3.71所示。

图3.71

最后使用Photoshop软件对图像的亮度、对比度以及饱和度进行调整，使效果更加生动、逼真。在前面几章中已经多次对后期处理的方法进行了讲解，这里就不再赘述。后期处理后最终效果如图3.72所示。

图3.72

第4章 / 大礼堂空间表现

Chapter 04

3ds Max+VRay

4.1 大礼堂空间简介

本章实例是一个现代风格的大礼堂空间。
本场景采用了纯室内照明的表现手法,案例效果如图4.1所示。

图4.1

图4.2所示为大礼堂模型的线框效果图。

图4.2

该场景的另外一个摄像机角度渲染效果如图4.3所示。

chapter 04
大礼堂空间表现

图4.3

下面首先进行测试渲染参数设置,然后进行灯光设置。

4.2 大礼堂测试渲染设置

打开配套光盘中的"第4章\大礼堂源文件.max"场景文件,如图4.4所示,可以看到这是一个已经创建好的大礼堂模型,并且场景中摄像机已经创建好。

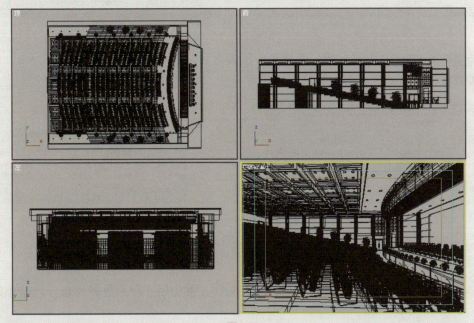

图4.4

下面首先进行测试渲染参数设置,然后进行灯光设置。灯光布置包括室外天光和室内光源的建立。

4.2.1 设置测试渲染参数

测试渲染参数的设置步骤如下。

Step 01 按F10键打开"渲染场景"对话框,在"公用"选项卡的"公用参数"卷展栏中设置较小的图像尺寸,如图4.5所示。

Step 02 进入"渲染器"选项卡,在 V-Ray:: Global switches(全局开关)卷展栏中设置参数,如图4.6所示。

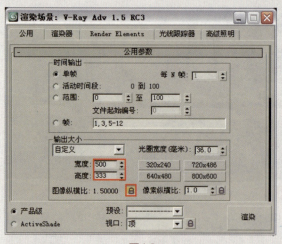

图4.5

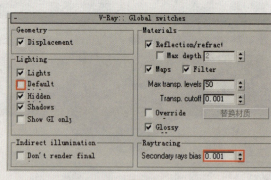

图4.6

Step 03 进入 V-Ray:: Image sampler (Antialiasing)(抗锯齿采样)卷展栏中,参数设置如图4.7所示。

Step 04 在 V-Ray:: Indirect illumination (GI)(间接照明)卷展栏中设置参数,如图4.8所示。

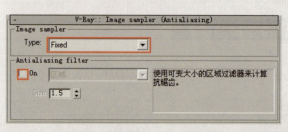

图4.7

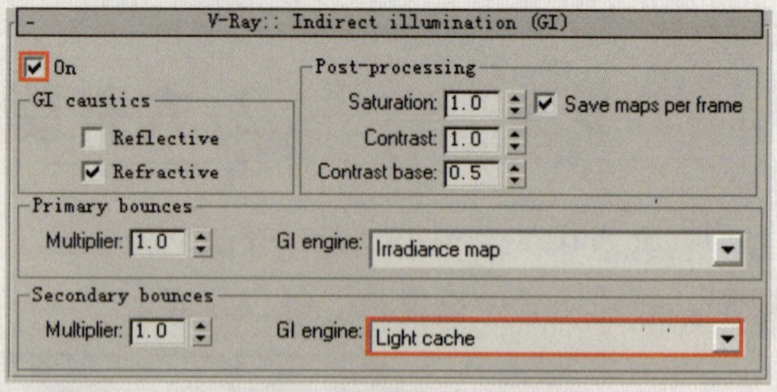

图4.8

Step 05 在 V-Ray:: Irradiance map(发光贴图)卷展栏中设置参数,如图4.9所示。

Step 06 在 V-Ray:: Light cache(灯光缓存)卷展栏中设置参数,如图4.10所示。

图4.9

图4.10

4.2.2 布置场景灯光

本场景光线来源主要为室内灯光,在为场景创建灯光前,首先用一种白色材质覆盖场景中的所有物体,这样便于观察灯光对场景的影响。

Step 01 按M键打开"材质编辑器"对话框,选择一个空白材质球,单击其 Standard 按钮,在弹出的"材质/贴图浏览器"对话框中选择 ●VRayMtl 材质,将材质命名为"替换材质",具体参数设置如图4.11所示。

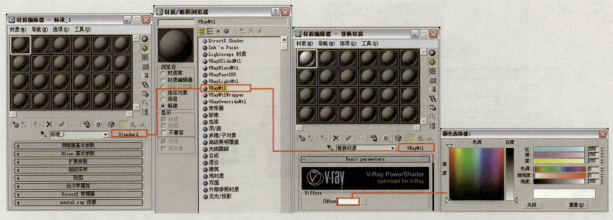

图4.11

Step 02 按F10键打开"渲染场景"对话框,进入"渲染器"选项卡,在 V-Ray:: Global switches (全局开关)卷展栏中,勾选Override mtl前的复选框,然后进入"材质编辑器"对话框中,将"替换材质"材质的材质球拖放到Override mtl右侧的None贴图通道按钮上,并以"实例"方式进行关联复制,具体参数设置如图4.12所示。

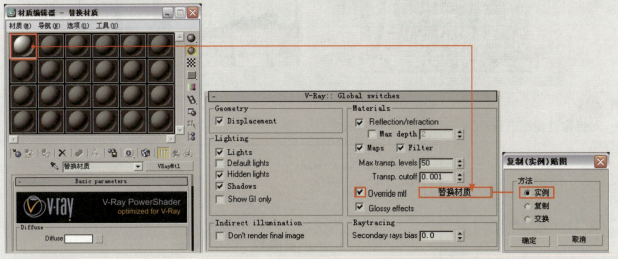

图4.12

Step 03 下面开始设置顶棚处的筒灯灯光。单击 (创建)按钮进入创建命令面板,单击 (灯光)按钮,在下拉菜单中选择"光度学"选项,然后在"对象类型"卷展栏中单击 自由点光源 按钮,在图4.13所示位置创建一个自由点光源来模拟室内的筒灯灯光。

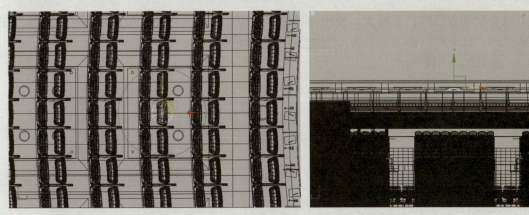

图4.13

Step 04 进入修改命令面板对创建的自由点光源参数进行设置,如图4.14所示。

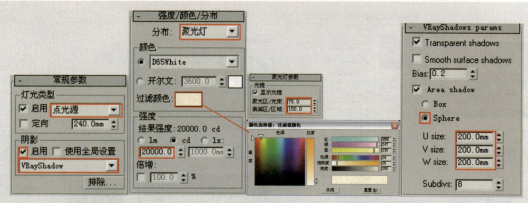

图4.14

Step 05 在视图中,选中刚刚创建的自由点光源,将其关联复制出62盏灯光,调整灯光位置,如图4.15所示。

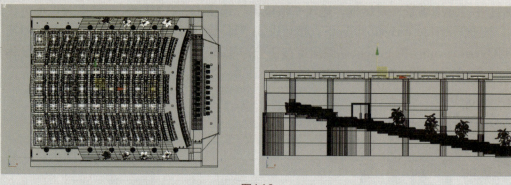

图4.15

Step 06 对摄像机视图进行渲染,效果如图4.16所示。

图4.16

Step 07 从上面渲染可以看到场景已经严重曝光,变得非常亮,下面通过修改曝光类型来解决这个问题。在"渲染场景"对话框的"渲染器"选项卡中进入 V-Ray:: Color mapping 卷展栏,对其参数进行设置,如图4.17所示。再次渲染,效果如图4.18所示。

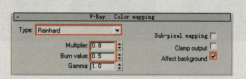

图4.17

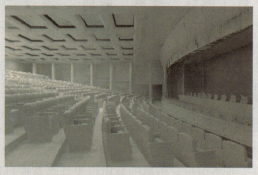

图4.18

⚠ 提示：从渲染效果中可以看到场景曝光有了很大改善，光照效果比较理想。

Step 08 下面继续设置顶棚处的筒灯灯光。单击 按钮进入创建命令面板，单击 （灯光）按钮，在下拉菜单中选择"光度学"选项，然后在"对象类型"卷展栏中单击 自由点光源 按钮，在图4.19所示位置创建一个自由点光源来模拟室内的筒灯灯光。

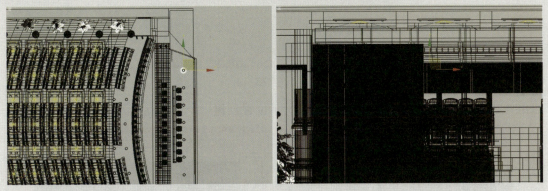

图4.19

Step 09 进入修改命令面板对创建的自由点光源参数进行设置，如图4.20所示。光域网文件为本书配套光盘提供的"第5章\贴图\多光.IES"文件。

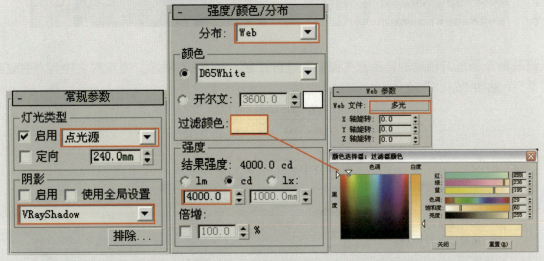

图4.20

Step 10 在视图中，选中刚刚创建的用来模拟筒灯灯光的自由点光源，将其关联复制出34盏，调整灯光位置如图4.21所示。

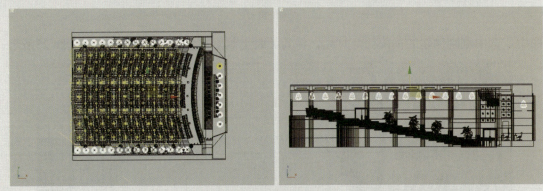

图4.21

Step 11 对摄像机视图进行渲染，效果如图4.22所示。

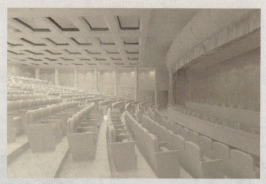

图4.22

Step 12 接下来继续设置顶棚处的筒灯灯光。在图4.23所示位置创建一个自由点光源，来模拟室内的筒灯灯光。

图4.23

Step 13 进入修改命令面板对创建的自由点光源参数进行设置，如图4.24所示。光域网文件为本书配套光盘提供的"第5章\贴图\26.IES"文件。

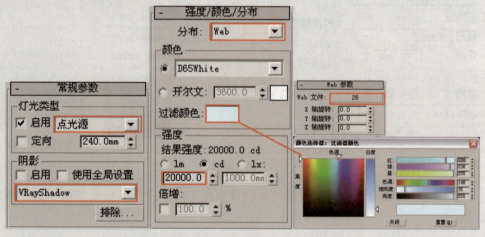

图4.24

Step 14 在视图中，选中刚刚创建的顶部筒灯灯光，将其关联复制出13盏，调整灯光位置如图4.25所示。

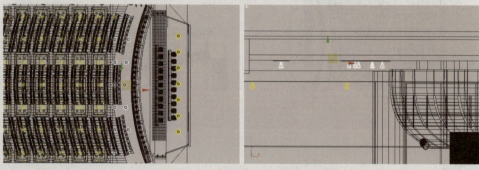

图4.25

Step 15 对摄像机视图进行渲染，效果如图4.26所示。

图4.26

Step 16 接下来设置墙体处的射灯灯光。在图4.27所示位置创建一个自由点光源，来模拟室内的射灯灯光。

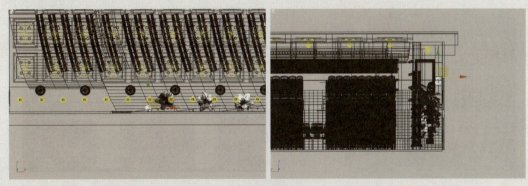

图4.27

Step 17 进入修改命令面板对创建的自由点光源参数进行设置，如图4.28所示。光域网文件为本书配套光盘提供的"第5章\贴图\16.IES"文件。

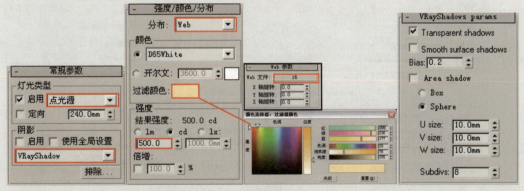

图4.28

Step 18 在视图中，选中刚刚创建的墙体处的射灯灯光，将其关联复制出23盏，调整灯光位置如图4.29所示。

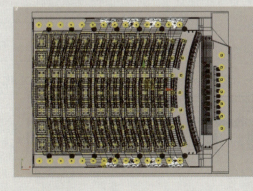 

图4.29

Step 19 对摄像机视图进行渲染，效果如图4.30所示。

图4.30

Step 20 下面为场景创建顶棚暗藏灯光，在图4.31所示位置创建一盏VRayLight面光源，参数设置如图4.32所示。

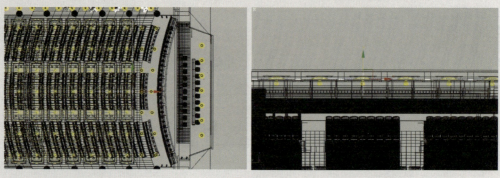

图4.31

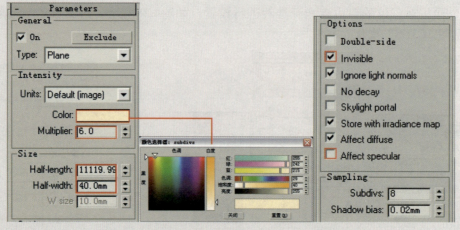

图4.32

Step 21 在视图中选中刚刚创建的暗藏灯光VRayLight面光源，将其关联复制出31盏灯光，调整灯光大小、位置，如图4.33所示。

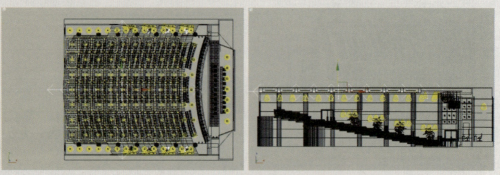

图4.33

Step 22 对摄像机视图进行渲染，效果如图4.34所示。

图4.34

Step 23 下面创建墙体的暗藏灯光，在图4.35所示位置创建一盏VRayLight面光源，参数设置如图4.36所示。

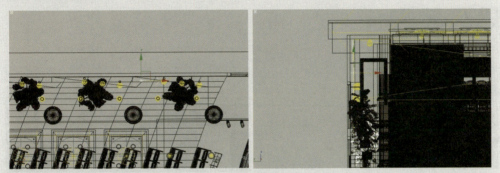

图4.35

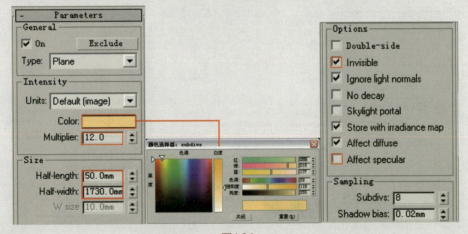

图4.36

Step 24 在视图中选中刚刚创建的暗藏灯光VRayLight面光源，将其关联复制出5盏灯光，调整灯光大小、位置，如图4.37所示。

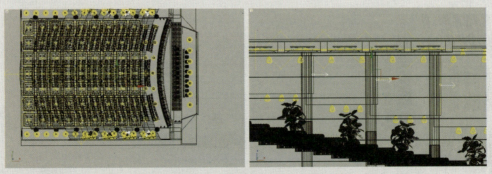

图4.37

Step 25 对摄像机视图进行渲染，效果如图4.38所示。

图4.38

Step 26 下面创建背景墙处的暗藏灯光，在图4.39所示位置创建一盏VRayLight面光源，参数设置如图4.40所示。

图4.39

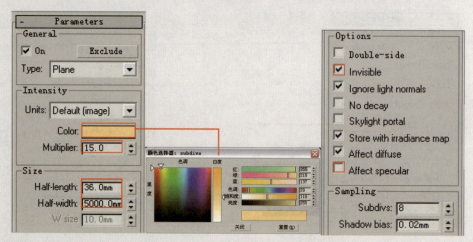

图4.40

Step 27 在视图中选中刚刚创建的暗藏灯光VRayLight面光源，将其关联复制出2盏灯光，调整灯光大小、位置，如图4.41所示。

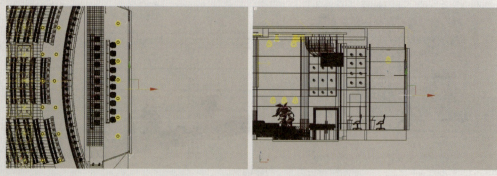

图4.41

Step 28 对摄像机视图进行渲染,效果如图4.42所示。

图4.42

Step 29 下面为场景创建补光,在图4.43所示位置创建一盏VRayLight面光源,参数设置如图4.44所示。

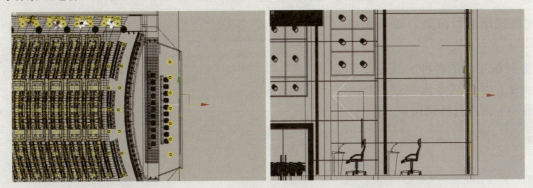

图4.43

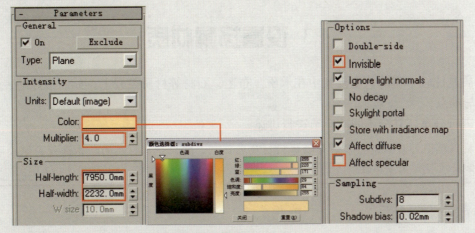

图4.44

Step 30 下面继续为场景创建补光,在图4.45所示位置创建一盏VRayLight面光源,参数设置如图4.46所示。

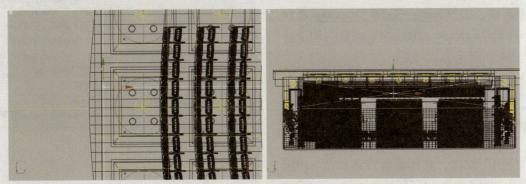

图4.45

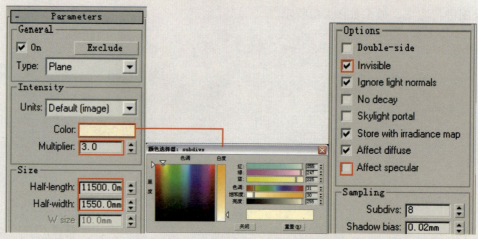

图4.46

Step 31 对摄像机视图进行渲染,效果如图4.47所示。

上面已经对场景内的各种光源进行了测试,最终测试结果比较令人满意,测试完灯光效果后,下面进行材质设置。

图4.47

4.3 设置场景材质

大礼堂的材质是比较丰富的,主要集中在木质、布艺、石材等材质设置上,如何很好地表现这些材质的效果是表现的重点与难点。

下面对材质进行分类,并分不同的小节进行讲述。

 提示:在制作模型的时候就必须清楚物体的材质的区别,将同一种材质的物体进行成组或附加,这样可以为赋予物体材质提供很多方便。

4.3.1 设置场景主体材质

Step 01 在设置场景材质前,首先要取消前面对场景物体的材质替换状态。按F10键打开"渲染场景"对话框,在 V-Ray:: Global switches 卷展栏中,取消Override mtl前的复选框的勾选状态,如图4.48所示。

Step 02 首先设置清油木质材质。在"材质编辑器"对话框中选择一个空白材质球,将其设置为 VRayMtl 材质,并将材质命名为"清油木质",单击Diffuse右侧的贴图按钮,为其添加一个"位图"贴图,具体参数设置如图4.49所示。贴图文件为本书配套光盘提供的"第4章\贴图\ae03.jpg"文件。

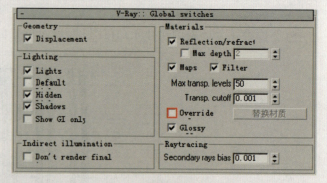

图4.48

chapter 04
大礼堂空间表现

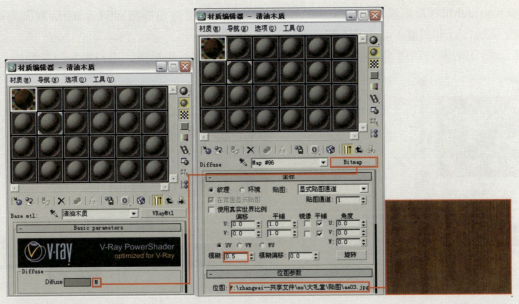

图4.49

Step 03 返回VRayMtl材质层级，单击Reflect右侧的贴图按钮，为其添加一个"衰减"程序贴图，具体参数设置如图4.50所示。

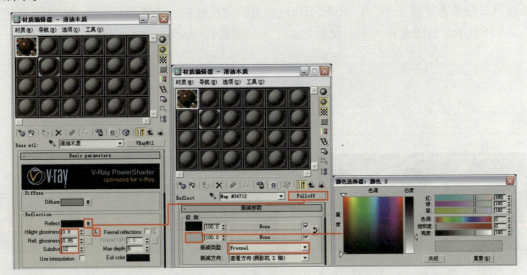

图4.50

Step 04 由于座椅木材质饱和度较高且面积较大，很容易造成色溢现象，下面为其材质添加 VRayOverrideMtl（VRay替代材质），从而解决色溢问题，具体操作如图4.51所示。

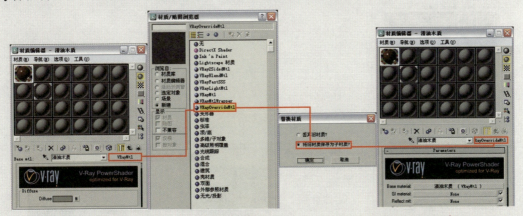

图4.51

Step 05 在VRayOverrideMtl材质层级,将Base material右侧的材质通道按钮拖拽到GI material右侧的材质通道按钮上进行复制操作(非关联),如图4.52所示。

Step 06 单击GI material右侧的贴图通道按钮,进入刚复制的VRayMtl材质层级,进行参数设置如图4.53所示。

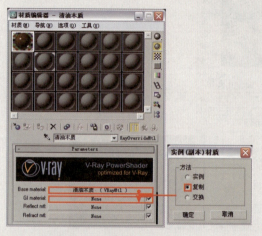

图4.52

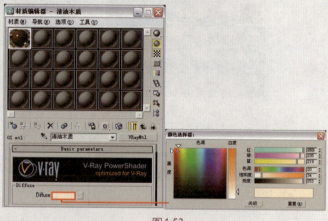

图4.53

Step 07 将材质指定给物体"座椅木",对摄像机视图进行渲染,局部效果如图4.54所示。

Step 08 接下来设置椅子布材质。在"材质编辑器"对话框中选择一个空白材质球,将其设置为 VRayMtl 材质,并将材质命名为"椅子布",单击Diffuse右侧的贴图按钮,为其添加一个"位图"贴图,具体参数设置如图4.55所示。贴图文件为本书配套光盘提供的"第4章\贴图\carpttan.jpg"文件。

图4.54

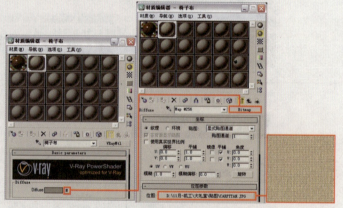

图4.55

Step 09 返回VRayMtl材质层级,进入Maps卷展栏,为Bump右侧的贴图通道上添加一个"位图"贴图,具体参数设置如图4.56所示。将材质指定给物体"座椅垫",对摄像机视图进行渲染,局部效果如图4.57所示。

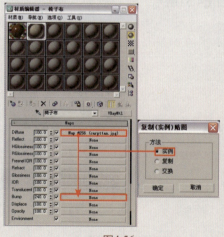

图4.56

图4.57

Step 10 下面制作水磨石材质，选择一个空白材质球，将其设置为 VRayMtl 材质，并将材质命名为"水磨石"，单击Diffuse右侧的贴图按钮，为其添加一个"位图"贴图，具体参数设置如图4.58所示。贴图文件为本书配套光盘提供的"第4章\贴图\w013.jpg"文件。

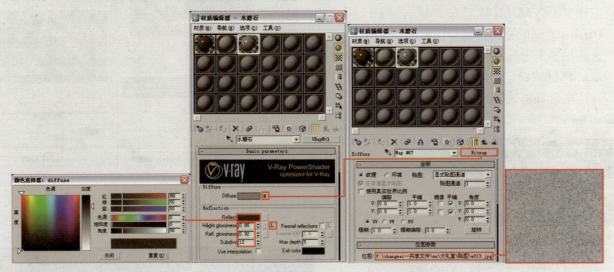

图4.58

Step 11 返回VRayMtl材质层级，进入Maps卷展栏，把Diffuse右侧的贴图通道按钮拖动到Bump右侧的贴图通道按钮上进行关联复制，具体参数设置如图4.59所示。将材质指定给物体"地面"，对摄像机视图进行渲染，局部效果如图4.60所示。

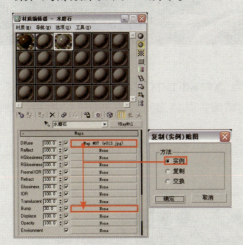

图4.59

图4.60

Step 12 接下来设置大理石材质。选择一个空白材质球，将其设置为 VRayMtl 材质，并将材质命名为"石材"，单击Diffuse右侧的贴图按钮，为其添加一个"位图"贴图，具体参数设置如图4.61所示。贴图文件为本书配套光盘提供的"第4章\贴图\021.jpg"文件。

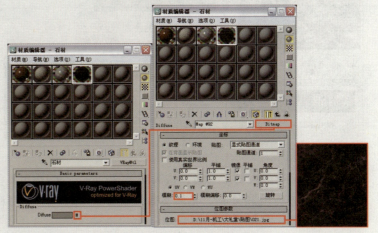

图4.61

Step 13 返回VRayMtl材质层级，单击Reflect右侧的贴图按钮，为其添加一个"衰减"程序贴图，具体参数设置如图4.62所示。

Step 14 返回VRayMtl材质层级，进入Maps卷展栏，把Diffuse右侧的贴图通道按钮拖动到Bump右侧的贴图通道按钮上进行关联复制，具体参数设置如图4.63所示。将材质指定给物体"台阶"，对摄像机视图进行渲染，局部效果如图4.64所示。

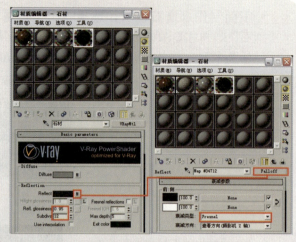

图4.62

图4.63

图4.64

Step 15 接下来设置木地板材质。选择一个空白材质球，将其设置为 VRayMtl 材质，并将材质命名为"木地板"，单击Diffuse右侧的贴图按钮，为其添加一个"位图"贴图，具体参数设置如图4.65所示。贴图文件为本书配套光盘提供的"第4章\贴图\地板2.jpg"文件。

Step 16 返回VRayMtl材质层级，单击Reflect右侧的贴图按钮，为其添加一个"衰减"程序贴图，具体参数设置如图4.66所示。

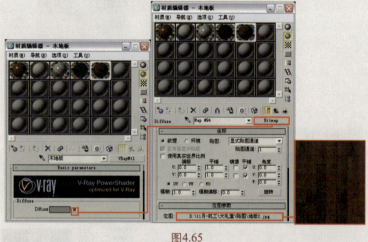

图4.65

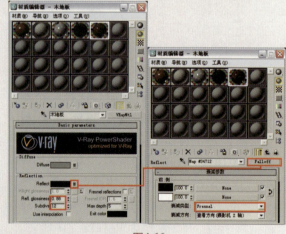

图4.66

Step 17 返回VRayMtl材质层级，进入Maps卷展栏，把Diffuse右侧的贴图通道按钮拖动到Bump右侧的贴图通道按钮上进行关联复制，具体参数设置如图4.67所示。将材质指定给物体"主席台地面"，对摄像机视图进行渲染，局部效果如图4.68所示。

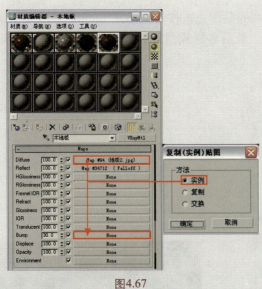

图4.67　　　　　　　　　　　　　　图4.68

Step 18 下面制作黑皮革材质，选择一个空白材质球，将其设置为 VRayMtl 材质，并将材质命名为"黑皮革"，单击Diffuse右侧的贴图按钮，为其添加一个"位图"贴图，具体参数设置如图4.69所示。贴图文件为本书配套光盘提供的"第4章\贴图\皮.jpg"文件。

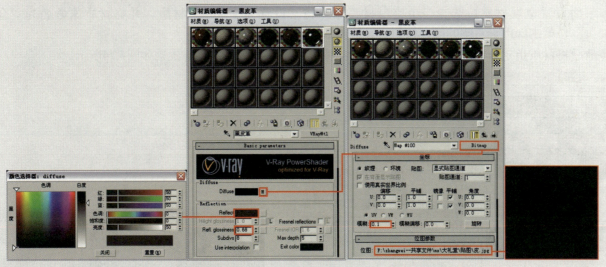

图4.69

Step 19 在VRayMtl材质层级，进入BRDF（双向反射分布）卷展栏，参数设置如图4.70所示。

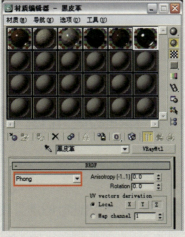

图4.70

Step 20 返回VRayMtl材质层级,进入Maps卷展栏,把Diffuse右侧的贴图通道按钮拖动到Bump右侧的贴图通道按钮上进行非关联复制操作,具体参数设置如图4.71所示。最后将材质指定给物体"椅子",对摄像机视图进行渲染,局部效果如图4.72所示。

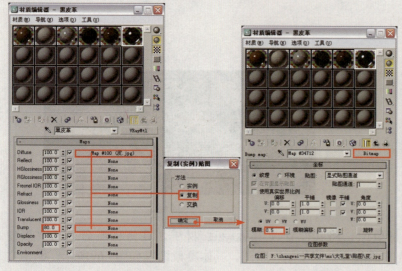

图4.71　　　　　　　　　　　　　　　　图4.72

Step 21 下面设置金属材质。选择一个空白材质球,将其设置为 VRayMtl 材质,并将材质球命名为"金属材质",单击Diffuse右侧的颜色按钮,具体参数设置如图4.73所示。

Step 22 最后将材质指定给物体"金属物体",对摄像机视图进行渲染,局部效果如图4.74所示。

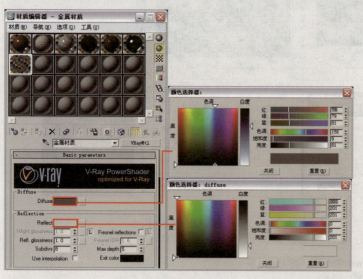

图4.73　　　　　　　　　　　　　　　　图4.74

至此,场景的灯光测试和材质设置都已经完成,下面将对场景进行最终渲染设置。最终渲染设置将决定图像的最终渲染品质。

4.4 最终渲染设置

4.4.1 最终测试灯光效果

场景中材质设置完毕后需要对场景进行渲染,观察此时的场景效果。对摄影机视图进行渲染,效果如图4.75所示。

图4.75

观察渲染效果，场景光线有点暗，接下来对曝光参数卷展栏进行参数设置，如图4.76所示。再次对摄像机视图进行渲染，效果如图4.77所示。

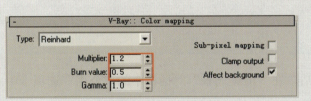

图4.76　　　　　　　　　　　　　　　　图4.77

观察渲染效果，场景光线不需要再调整，接下来设置最终渲染参数。

4.4.2 灯光细分参数设置

Step 01 将室内自由点光源的阴影细分设置为12，如图4.78所示。

Step 02 将室内部分用于暗藏灯光的VRayLight面光源的灯光细分值设置为12，参数设置如图4.79所示。

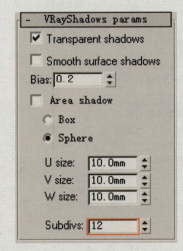
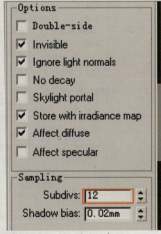

图4.78　　　　　　　　图4.79

4.4.3 设置保存发光贴图和灯光贴图的渲染参数

在前几章中已经多次讲解保存发光贴图和灯光贴图的方法，这里就不再重复，只对渲染级别设置进行讲解。

Step 01 下面进行渲染级别设置。进入V-Ray:: Irradiance map（发光贴图）卷展栏，设置参数如图4.80所示。

Step 02 进入V-Ray:: Light cache（灯光缓存）卷展栏，设置参数如图4.81所示。

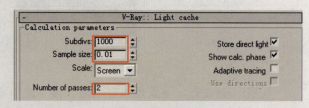

图4.80　　　　　　　　　　　　　图4.81

Step 03 在V-Ray:: rQMC Sampler（准蒙特卡罗采样器）卷展栏中设置参数如图4.82所示，这是模糊采样设置。

渲染级别设置完毕，最后设置保存发光贴图和灯光贴图的参数并进行渲染即可。

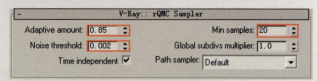

图4.82

4.4.4 最终成品渲染

最终成品渲染的参数设置如下。

Step 01 首先设置出图尺寸。当发光贴图和灯光贴图计算完毕后，在"渲染场景"对话框中的"公用"选项卡中设置最终渲染图像的输出尺寸，如图4.83所示。

Step 02 在V-Ray:: Image sampler (Antialiasing)卷展栏中设置抗锯齿和过滤器，如图4.84所示。

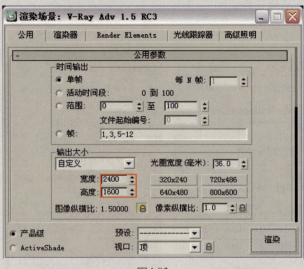

图4.83

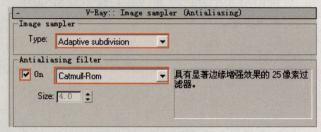

图4.84

Step 03 最终渲染完成的效果如图4.85所示。

图4.85

最后使用Photoshop软件对图像的亮度、对比度以及饱和度进行调整，使效果更加生动、逼真。在前面几章中已经多次对后期处理的方法进行了讲解，这里就不再赘述。后期处理后最终效果如图4.86所示。

图4.86

第5章 / 咖啡店外景表现

Chapter 05

3ds Max+VRay

5.1 咖啡店外景简介

本章实例是一个咖啡店外景空间。
本场景采用了日光的表现手法，案例效果如图5.1所示。

图5.1

图5.2所示为咖啡店模型的线框效果图。

图5.2

下面首先进行测试渲染参数设置，然后进行灯光设置。

5.2 咖啡店外景测试渲染设置

打开配套光盘中的"第7章\咖啡店源文件.max"场景文件,如图5.3所示,可以看到这是一个已经创建好的咖啡店场景模型,并且场景中的摄像机已经创建好。

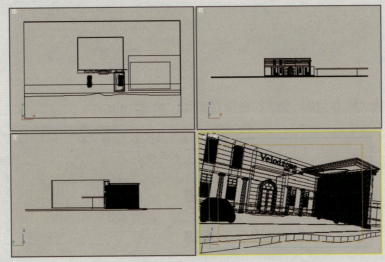

图5.3

下面首先进行测试渲染参数设置,然后进行灯光设置。灯光布置包括室外日光和暗藏灯光的建立。

5.2.1 设置测试渲染参数

测试渲染参数的设置步骤如下。

Step 01 按F10键打开"渲染场景"对话框,在"公用"选项卡的"公用参数"卷展栏中设置较小的图像尺寸,如图5.4所示。

Step 02 进入"渲染器"选项卡,在V-Ray:: Global switches(全局开关)卷展栏中设置参数如图5.5所示。

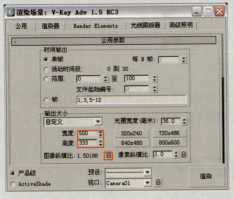

图5.4

图5.5

Step 03 进入V-Ray:: Image sampler (Antialiasing)(抗锯齿采样)卷展栏中,参数设置如图5.6所示。

Step 04 在V-Ray:: Indirect illumination (GI)(间接照明)卷展栏中设置参数,如图5.7所示。

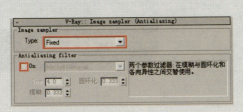

图5.6

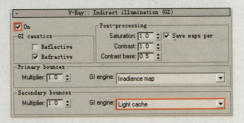

图5.7

Step 05 在 V-Ray:: Irradiance map（发光贴图）卷展栏中设置参数，如图5.8所示。
Step 06 在 V-Ray:: Light cache（灯光缓存）卷展栏中设置参数，如图5.9所示。

图5.8　　　　　图5.9

Step 07 在 V-Ray:: Environment（环境）卷展栏中设置参数，如图5.10所示。

图5.10

Step 08 点击 Reflection/refraction environment override 右侧的贴图通道按钮，为其添加一个VRayHDRI程序贴图，参数设置如图5.11所示。

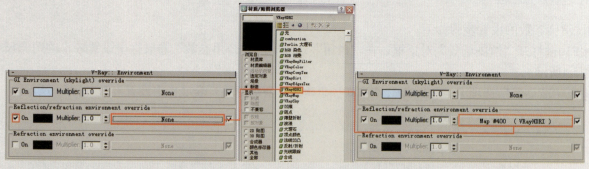

图5.11

Step 09 把 Reflection/refraction environment override 选项组中的贴图通道按钮的VRayHDRI程序贴图拖动到材质球上，参数设置如图5.12所示。HDRI文件为本书配套光盘提供的"第7章\贴图\xhdr0.hdr"文件。

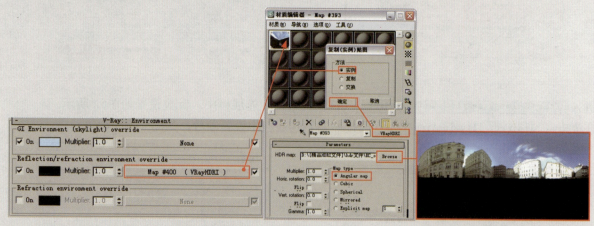

图5.12

5.2.2 布置场景灯光

本场景光线来源主要为日光,在为场景创建灯光前,首先用一种白色材质覆盖场景中的所有物体的材质,这样便于观察灯光对场景的影响。

Step 01 按M键打开"材质编辑器"对话框,选择一个空白材质球,单击其 Standard 按钮,在弹出的"材质/贴图浏览器"对话框中选择 VRayMtl 材质,将材质命名为"替换材质",具体参数设置如图5.13所示。

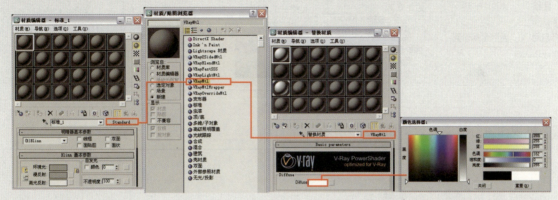

图5.13

Step 02 按F10键打开"渲染场景"对话框,进入"渲染器"选项卡,在 V-Ray:: Global switches 卷展栏中,勾选Override mtl前的复选框,然后进入"材质编辑器"对话框中,将"替换材质"材质的材质球拖放到Override mtl右侧的None贴图通道按钮上,并以"实例"方式进行关联复制,具体参数设置如图5.14所示。

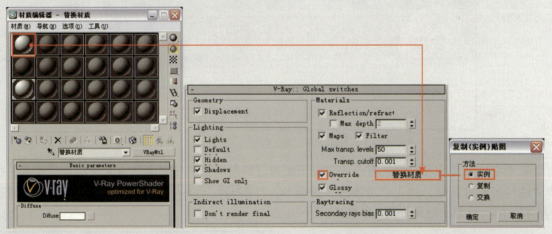

图5.14

Step 03 下面开始创建外景日光,单击 (创建)按钮进入创建命令面板,单击 (灯光)按钮,在下拉菜单中选择"标准"选项,然后在"对象类型"卷展栏中单击 目标平行光 按钮,在视图中创建一盏目标平行光来模拟日光,位置如图5.15所示。参数设置如图5.16所示。

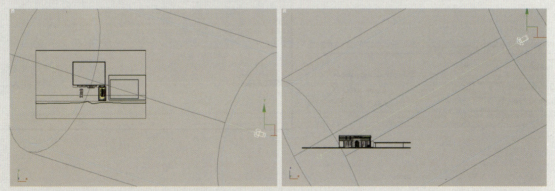

图5.15

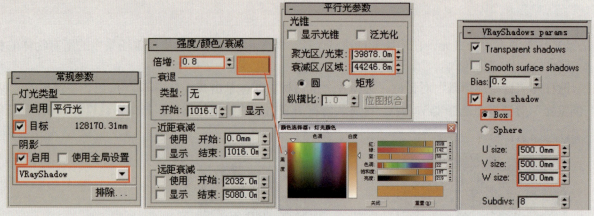

图5.16

Step 04 对摄像机视图进行渲染，效果如图5.17所示。

图5.17

Step 05 从渲染效果中可以发现场景灯光有点偏暗，下面通过调整场景的暗部倍增值来提高场景亮度。按F10键打开"渲染场景"对话框，进入"渲染器"选项卡，在 V-Ray:: Color mapping 卷展栏中进行参数设置，如图5.18所示。再次渲染，效果如图5.19所示。

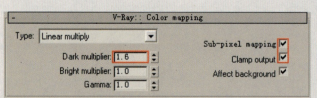

图5.18

图5.19

Step 06 下面开始暗藏灯光的创建。单击 按钮进入创建命令面板,单击 (灯光)按钮,在下拉菜单中选择VRay选项,然后在"对象类型"卷展栏中单击 VRayLight 按钮,在图5.20所示位置创建一盏VRayLight面光源,参数位置如图5.21所示。

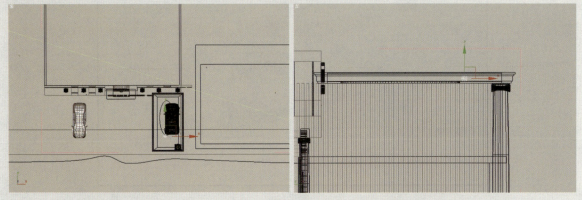

图5.20

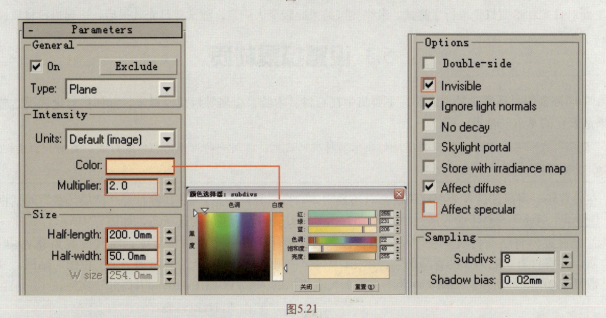

图5.21

Step 07 在视图中,选中刚刚创建的暗藏灯光的VRayLight面光源,将其关联复制出2盏灯光,调整灯光位置,如图5.22所示。

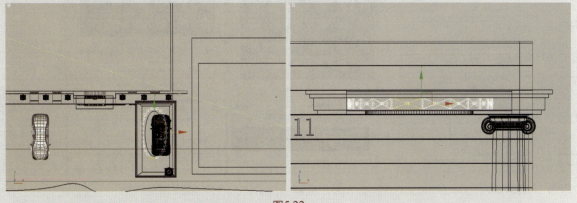

图5.22

Step 08 对摄像机视图进行渲染,效果如图5.23所示。

图5.23

上面对日光和暗藏灯光进行了测试，最终测试结果比较令人满意，测试完灯光效果后，下面进行材质设置。

5.3 设置场景材质

咖啡店外景的材质是比较丰富的，主要集中在石材、木纹、金属等材质设置上，如何很好地表现这些材质的效果是表现的重点与难点。

> 提示：在制作模型的时候就必须清楚物体的材质的区别，将同一种材质的物体进行成组或附加，这样可以为赋予物体材质提供很多方便。

Step 01 在设置场景材质前，首先要取消前面对场景物体的材质替换状态。按F10键打开"渲染场景"对话框，在 `V-Ray:: Global switches` 卷展栏中，取消Override mtl前的复选框的勾选状态，如图5.24所示。

Step 02 首先设置沥青路面材质。在"材质编辑器"对话框中选择一个空白材质球，将其设置为 VRayMtl 材质，并将材质命名为"沥青路面"，单击Diffuse右侧的贴图按钮，为其添加一个"位图"贴图，具体参数设置如图5.25所示。贴图文件为本书配套光盘提供的"第7章\贴图\ground011.jpg"文件。

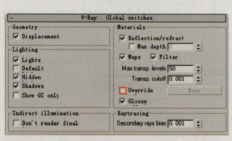

图5.24

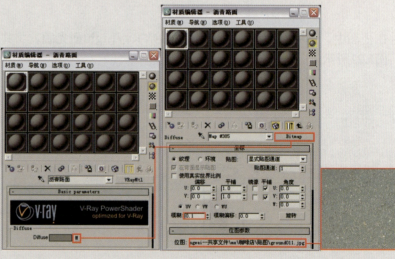

图5.25

Step 03 返回VRayMtl材质层级，进入Maps卷展栏，把Diffuse右侧的贴图通道按钮拖动到Bump右侧的贴图通道按钮上，具体参数设置如图5.26所示。将材质指定给物体"沥青路面"，对摄像机视图进行渲染，局部效果如图5.27所示。

chapter 05
咖啡店外景表现

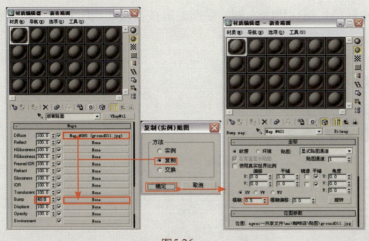

图5.26　　　　　　　　　　　图5.27

⚠ 提示：场景中部分物体材质已经事先设置好，这里仅对场景中的主要材质进行讲解。

Step 04 接下来设置拼花路面材质。在"材质编辑器"对话框中选择一个空白"标准"材质球，将其设置为 多维/子对象 材质，并将材质命名为"拼花路面"，具体参数设置如图5.28所示。

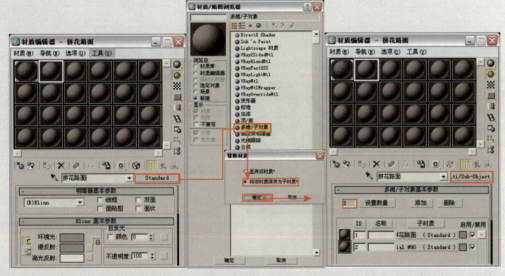

图5.28

Step 05 在"多维/子对象"材质层级，单击ID1右侧的材质通道按钮，将其设置为VRayMtl材质，并将材质命名为 "路面砖"，参数设置如图5.29所示。贴图文件为本书配套光盘提供的"第7章\贴图\p-br1044 副本.jpg" 文件。

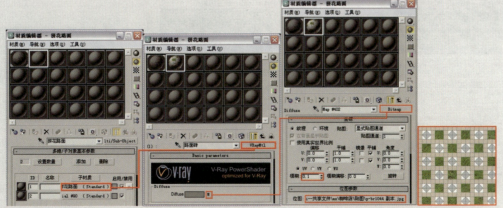

图5.29

Step 06 返回VRayMtl材质层级,进入Maps卷展栏,把Diffuse右侧的贴图通道按钮拖动到Bump右侧的贴图通道按钮上,具体参数设置如图5.30所示。

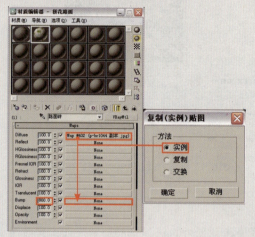

图5.30

Step 07 返回"多维/子对象"材质层级,单击ID2右侧的材质通道按钮,将其设置为VRayMtl材质,并将材质命名为"水泥隔离带",参数设置如图5.31所示。贴图文件为本书配套光盘提供的"第7章\贴图\水泥敦.jpg"文件。

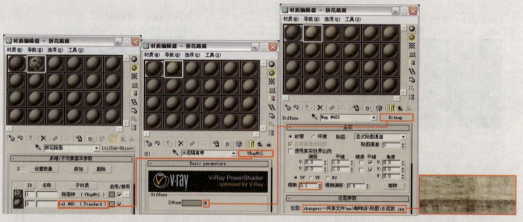

图5.31

Step 08 返回VRayMtl材质层级,进入Maps卷展栏,把Diffuse右侧的贴图通道按钮拖动到Bump右侧的贴图通道按钮上,具体参数设置如图5.32所示。将材质指定给物体"拼花路面",对摄像机视图进行渲染,局部效果如图5.33所示。

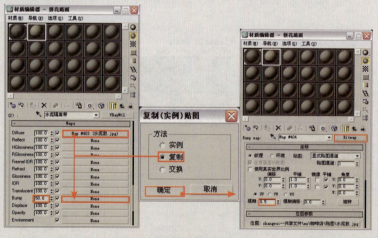

图5.32　　　　　　　　　　　　图5.33

Step 09 下面设置木纹材质,在"材质编辑器"对话框中选择一个空白材质球,将其设置为 VRayMtl 材质,并将材质命名为"木纹",单击Diffuse右侧的贴图按钮,为其添加一个"位图"贴图,具体参数设置如图5.34所示。贴图文件为本书配套光盘提供的"第7章\贴图\1115913342.jpg"文件。

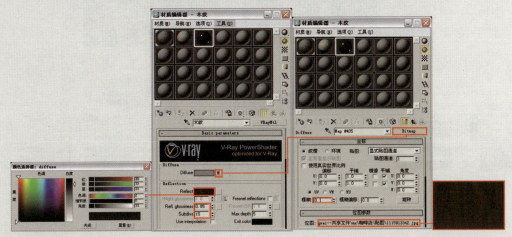

图5.34

Step 10 返回VRayMtl材质层级,进入Maps卷展栏,把Diffuse右侧的贴图通道按钮拖动到Bump右侧的贴图通道按钮上进行复制操作,具体参数设置如图5.35所示。

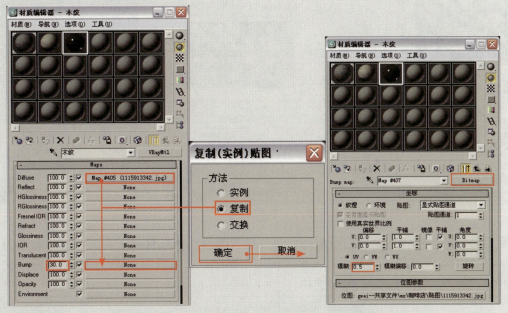

图5.35

Step 11 将材质指定给物体"木纹饰面",对摄像机视图进行渲染,局部效果如图5.36所示。

Step 12 下面设置砖材质,在"材质编辑器"对话框中选择一个空白材质球,将其设置为 VRayMtl 材质,并将材质命名为"砖",单击Diffuse右侧的贴图按钮,为其添加一个"位图"贴图,具体参数设置如图5.37所示。贴图文件为本书配套光盘提供的"第7章\贴图\1115908845.jpg"文件。

图5.36

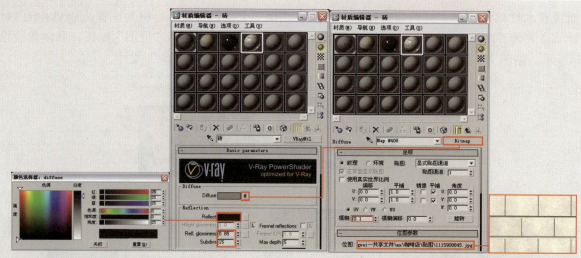

图5.37

Step 13 返回VRayMtl材质层级，进入Maps卷展栏，把Diffuse右侧的贴图通道按钮拖动到Bump右侧的贴图通道按钮上，具体参数设置如图5.38所示。将材质指定给物体"砖墙"，对摄像机视图进行渲染，局部效果如图5.39所示。

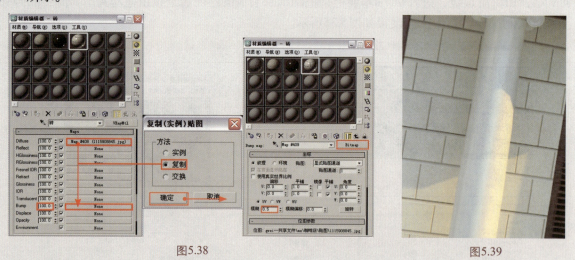

图5.38　　　　　　　　　　　　图5.39

Step 14 下面设置毛石材质。选择一个空白材质球，将其设置为 VRayMtl 材质，并将材质球命名为"毛石"，单击Diffuse右侧的贴图按钮，为其添加一个"位图"贴图，参数设置如图5.40所示。贴图文件为本书配套光盘提供的"第7章\贴图\sssssss.jpg"文件。

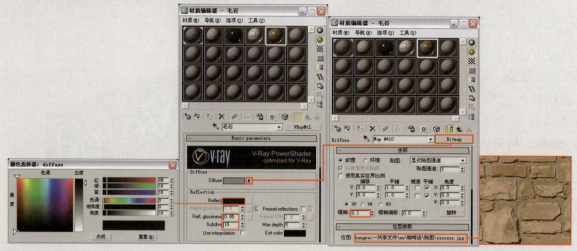

图5.40

chapter 05
咖啡店外景表现

Step 15 返回VRayMtl材质层级，进入Maps卷展栏，把Diffuse右侧的贴图通道按钮拖动到Bump右侧的贴图通道按钮上进行复制操作，具体参数设置如图5.41所示。

Step 16 将材质指定给物体"毛石"，为了使墙面材质更加真实，下面为物体"墙面"添加VRay置换修改器。在视图中选中物体"毛石墙面"，然后进入"修改"命令面板，在"修改器列表"中选择 VRayDisplacementMod （VRay置换）修改器，然后在其修

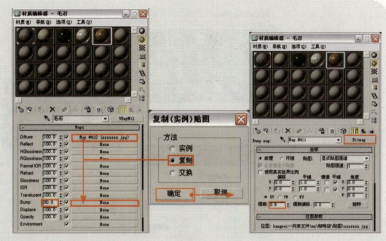

图5.41

改面板中单击其中的贴图通道按钮，为其添加一个"位图"贴图，具体参数设置如图5.42所示。贴图文件为本书配套光盘提供的"第7章\贴图\20066665367190.jpg"文件。

Step 17 为了使贴图坐标正确，下面还需要为物体"毛石墙面"添加一个"UVW贴图"修改器，具体参数设置如图5.43所示。

Step 18 对摄像机视图进行渲染，毛石墙面局部效果如图5.44所示。

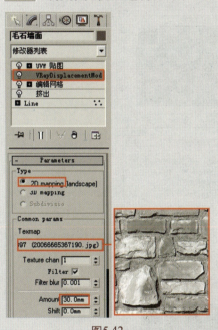

图5.42

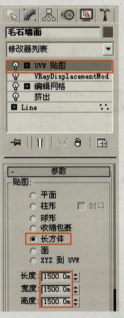

图5.43

图5.44

Step 19 下面制作车漆材质，选择一个空白材质球，将其设置为 VRayMtl 材质，并将材质命名为"车漆"，单击Diffuse右侧的颜色按钮，具体参数设置如图5.45所示。

Step 20 返回VRayMtl材质层级，单击Reflect右侧的贴图按钮，为其添加一个"衰减"程序贴图，具体参数设置如图5.46所示。

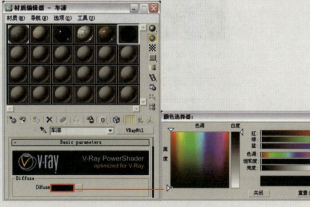

图5.45

119

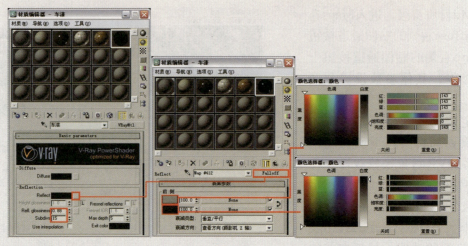

图5.46

Step 21 为了让车漆的效果看起来更加真实，下面为材质设置"虫漆"材质，参数设置如图5.47所示。

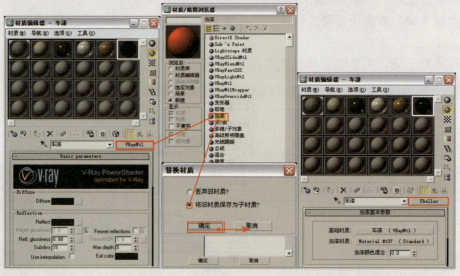

图5.47

Step 22 在"虫漆"材质层级，把"基础材质"右侧的材质通道按钮拖动到"虫漆材质"右侧的材质通道按钮上，参数设置如图5.48所示。

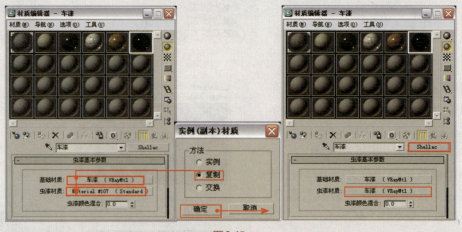

图5.48

Step 23 在"虫漆"材质层级，点击"虫漆材质"右侧的材质通道按钮，将其设置为VRayMtl材质，参数设置如图5.49所示。

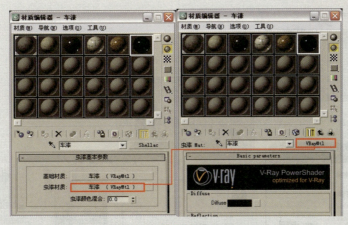

图5.49

Step 24 在VRayMtl材质层级，单击Reflect右侧的贴图按钮，为其添加一个"衰减"程序贴图，具体参数设置如图5.50所示。

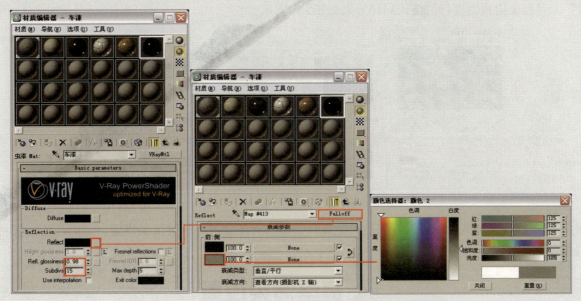

图5.50

Step 25 将材质指定给物体"车漆"，对摄像机视图进行渲染，局部效果如图5.51所示。

Step 26 下面制作车玻璃材质，选择一个空白材质球，将其设置为 VRayMtl 材质，并将材质命名为"车玻璃"，单击Diffuse右侧的颜色按钮，具体参数设置如图5.52所示。

图5.51

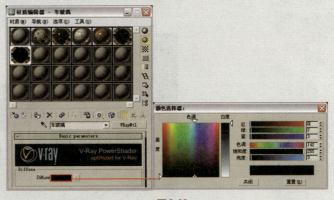

图5.52

Step 27 在VRayMtl材质层级，单击Reflect右侧的贴图按钮，为其添加一个"衰减"程序贴图，具体参数设置如图5.53所示。

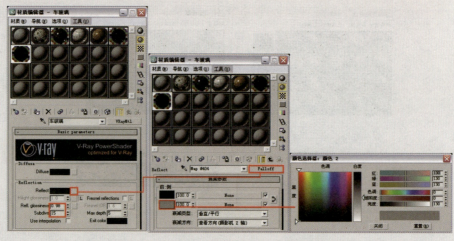

图5.53

Step 28 返回VRayMtl材质层级，进入Refract卷展栏，具体参数设置如图5.54所示。将材质指定给物体"车玻璃"，对摄像机视图进行渲染，局部效果如图5.55所示。

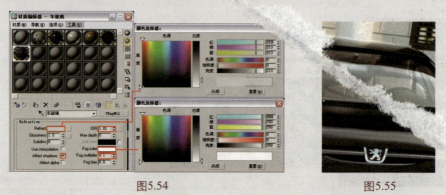

图5.54　　　　　　　　　　　图5.55

至此，场景的灯光测试和材质设置都已经完成，下面将对场景进行最终渲染设置。最终渲染设置将决定图像的最终渲染品质。

5.4 最终渲染设置

5.4.1 最终测试灯光效果

场景中材质设置完毕后需要对场景进行渲染，观察此时的场景效果。对摄像机视图进行渲染，效果如图5.56所示。

图5.56

观察渲染效果，场景光线有点暗，接下来调整参数设置，如图5.57所示。再次对摄像机视图进行渲染，效果如图5.58所示。

图5.57　　　　　　　　　　　　　　　　　　　图5.58

5.4.2 灯光细分参数设置

Step 01 将日光的阴影细分值设置为24，如图5.59所示。

Step 02 将暗藏灯光的VRayLight的灯光细分值设置为20，如图5.60所示。

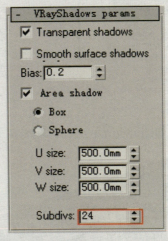 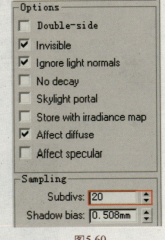

图5.59　　　　　　　　　图5.60

5.4.3 设置保存发光贴图和灯光贴图的渲染参数

在前几章中已经多次讲解保存发光贴图和灯光贴图的方法，这里就不再重复，只对渲染级别设置进行讲解。

Step 01 下面进行渲染级别设置。进入 V-Ray:: Irradiance map 卷展栏，设置参数如图5.61所示。

Step 02 进入 V-Ray:: Light cache 卷展栏，设置参数如图5.62所示。

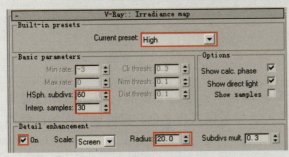 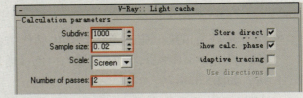

图5.61　　　　　　　　　　　　　　　　　　　图5.62

Step 03 在 `V-Ray:: rQMC Sampler`（准蒙特卡罗采样器）卷展栏中设置参数如图5.63所示，这是模糊采样设置。

渲染级别设置完毕，最后设置保存发光贴图和灯光贴图的参数并进行渲染即可。

图5.63

5.4.4 最终成品渲染

最终成品渲染的参数设置如下。

Step 01 首先设置出图尺寸。当发光贴图和灯光贴图计算完毕后，在"渲染场景"对话框中的"公用"选项卡中设置最终渲染图像的输出尺寸，如图5.64所示。

Step 02 在 `V-Ray:: Image sampler (Antialiasing)` 卷展栏中设置抗锯齿和过滤器，如图5.65所示。

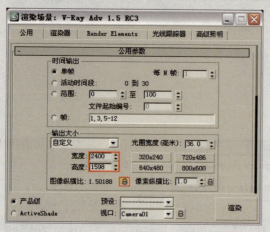

图5.64

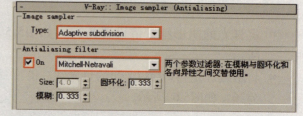

图5.65

Step 03 最终渲染完成的效果如图5.66所示。

图5.66

Step 04 接下来需要渲染一张通道图，具体制作方法是：选择材质编辑器中已经设置好的材质，将其设置为VRayLightMtl材质，物体设置为白色（墙体03设置为黑色），背景设置为黑色，窗玻璃设置为红色即可，如图5.67所示。

Step 05 按照上面的方法将窗玻璃设置为红色，如图5.68所示。

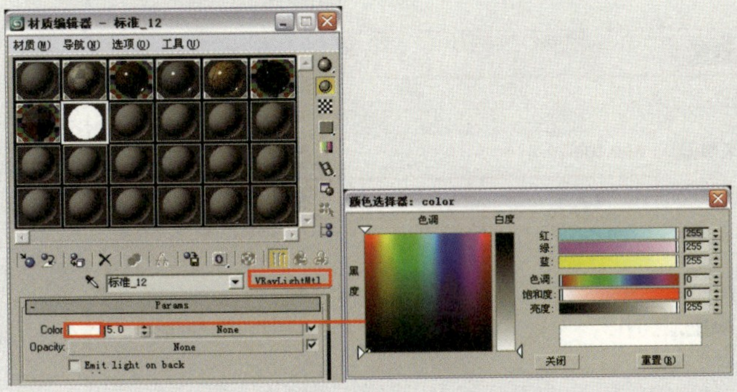

chapter 05
咖啡店外景表现

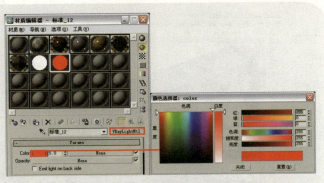

图5.67

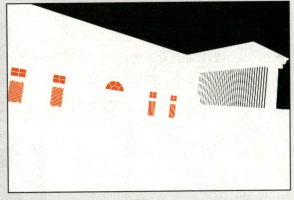

图5.68

Step 06 将场景中的灯光关闭，其他参数不变的情况下对摄像机视图进行渲染，将渲染出来的图像保存为TIF格式的文件，最后通道效果如图5.69所示。

在3DS Max中的操作都已经完成，下面的后期处理将会在Photoshop软件中进行。

图5.69

5.5 Photoshop后期处理

本章要表现的是咖啡店的外景效果，良好舒适的环境，宁静优雅的气氛是本例要表达的最终效果。所以对环境和气氛的营造是我们后期处理的重点。

5.5.1 初步处理画面

Step 01 在Photoshop CS3软件中打开渲染图及通道图（在Photoshop中可以同时打开多个文件），如图5.70所示。

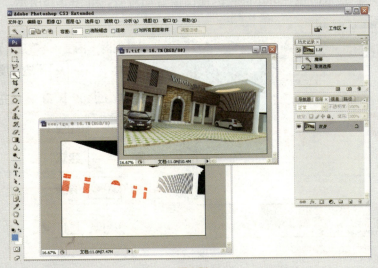

图5.70

Step 02 先是将建筑与背景分离。选择渲染效果文件，按M键或选择框选工具，在屏幕上单击鼠标右键，选择"载入选区"命令，在弹出的"载入选区"对话框中单击"确定"按钮后，如图5.71所示。

125

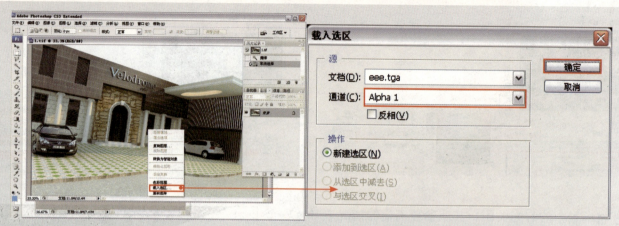

图5.71

Step 03 如上操作后会看到图像中的建筑部分被单独选择出来了，按Ctrl+J键（通过拷贝的图层）将选区内容复制到一个新层中，将层命名为"建筑"，如图5.72所示。

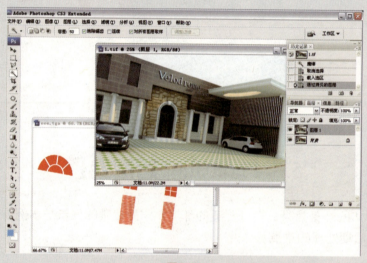

图5.72

Step 04 在工具面板上单击 按钮，在通道图中的图像上按住鼠标左键，将通道图的图像拖放到渲染图的图像文件中，拖放时按住Shift键可以使图像自动对齐，如图 5.73所示。

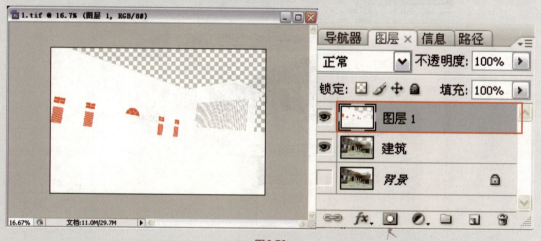

图5.73

⚠ 提示：接下来的操作都会在渲染效果文件中进行，通道文件在执行完上述操作后就可以关闭了。

Step 05 打开本书配套光盘提供的素材"第12章\贴图\素材.psd"文件,将其拖入正在处理的效果文件中,调整图层的位置到图层"建筑"的下方,并将图层更名为"素材",注意在图像中调整其位置,如图5.74所示。

图5.74

Step 06 再打开本书配套光盘提供的天空素材"第12章\贴图\天空.psd"文件,将其拖入正在处理的效果文件中,调整图层的位置到图层"建筑"的下方,并将图层更名为"天空",注意在图像中调整其位置,如图5.75所示。

图5.75

Step 07 下面创建内景,打开本书配套光盘提供的内景素材"第12章\贴图\内景.psd"文件,将其拖入正在处理的效果文件中,调整图层的位置到图层"建筑"的下方,并将图层更名为"内景",注意在图像中调整其位置,如图5.76所示。

图5.76

Step 08 通过通道图层,创建玻璃部分的选区,然后选中内景图层,单击图层调板下方的(添加矢量蒙版)按钮 ,如图5.77所示。

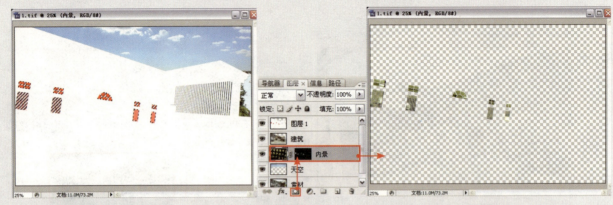

图5.77

Step 09 下面调整整个场景的亮度,参数设置如图5.78所示。

图5.78

Step 10 下面调整整个场景的色相\饱和度,参数设置如图5.79所示。

图5.79

Step 11 接下来调整整个场景的色阶,参数设置如图5.80所示。

chapter 05

咖啡店外景表现

图5.80

5.5.2 添加配景

Step 01 打开本书配套光盘提供的素材"第12章\贴图\大树.psd"文件,将其拖入正在处理的效果文件中,调整图层的位置到图层"色阶1"的上方,并将图层更名为"大树",注意在图像中调整其位置,如图5.81所示。

图5.81

Step 02 点击创建图层按钮,创建一个图层,并将图层更名为"蓝天",如图5.82所示。参数设置如图5.83所示。

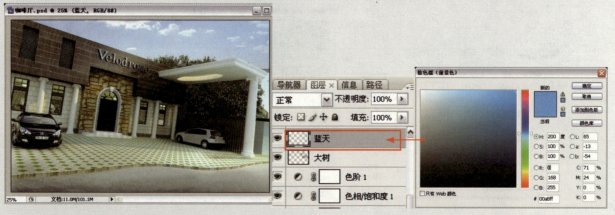

图5.82

图5.83

> 提示：一般在效果图的制作过程中为了突出效果，天空都是由两个或多个图层构成的，由一个主要色调的大面积天空为主体，其他的作为辅助效果，以表现出天空的不同层次，因为在效果图中天空和地面都占据了很大的面积，所以也要作为重点来处理，好的天空效果可以为画面增色不少，能够起到画龙点睛的作用。

Step 03 打开本书配套光盘提供的素材"第12章\贴图\树.psd"文件，将其拖入正在处理的效果文件中，并将图层更名为"树"，注意在图像中调整其位置，如图5.84所示。

图5.84

Step 04 下面继续调整整个场景的亮度，参数设置如图5.85所示。

图5.85

Step 05 下面调整整个场景的色相\饱和度，参数设置如图5.86所示。

图5.86

Step 06 打开本书配套光盘提供的素材"第12章\贴图\柱边植物.psd"文件,将其拖入正在处理的效果文件中,并将图层更名为"柱边植物",注意在图像中调整其位置,如图5.87所示。

图5.87

Step 07 打开本书配套光盘提供的素材"第12章\贴图\人物2.psd"文件,将其拖入正在处理的效果文件中,并将图层更名为"人物2",注意在图像中调整其位置,如图5.88所示。

图5.88

Step 08 打开本书配套光盘提供的素材"第12章\贴图\人物1.psd"文件,将其拖入正在处理的效果文件中,并将图层更名为"人物1",注意在图像中调整其位置,如图5.89所示。

图5.89

至此,咖啡店的后期效果已经处理完毕,最终效果如图5.90所示。

图5.90

第6章 简中大堂空间表现

Chapter 06

3ds Max+VRay

6.1 简中大堂空间简介

本章实例是一个中式风格的大堂空间。
本场景采用了日光的表现手法,案例效果如图6.1所示。

图6.1

图6.2所示为卧室模型的线框效果图。

图6.2

下面首先进行测试渲染参数设置，然后进行灯光设置。

6.2 简中大堂测试渲染设置

打开配套光盘中的"第12章\简中大堂源文件.max"场景文件，如图6.3所示，可以看到这是一个已经创建好的大堂场景模型，并且场景中的摄影机已经创建好。

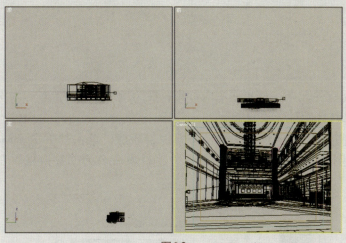

图6.3

下面首先进行测试渲染参数设置，然后进行灯光设置。灯光布置包括室外天光、日光和室内光源的建立。

6.2.1 设置测试渲染参数

测试渲染参数的设置步骤如下。

Step 01 按F10键打开"渲染场景"对话框，在"公用"选项卡的"公用参数"卷展栏中设置较小的图像尺寸，如图6.4所示。

Step 02 进入"渲染器"选项卡，在 V-Ray:: Global switches 卷展栏中设置参数如图6.5所示。

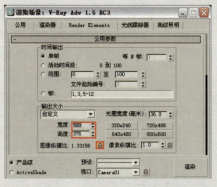

图6.4

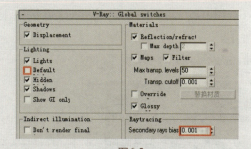

图6.5

Step 03 进入 V-Ray:: Image sampler (Antialiasing) （抗锯齿采样）卷展栏中，参数设置如图6.6所示。

Step 04 在 V-Ray:: Indirect illumination (GI) （间接照明）卷展栏中设置参数，如图6.7所示。

图6.6

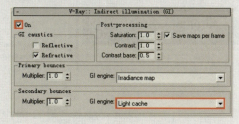

图6.7

Step 05 在V-Ray:: Irradiance map（发光贴图）卷展栏中设置参数，如图6.8所示。

Step 06 在V-Ray:: Light cache（灯光缓存）卷展栏中设置参数，如图6.9所示。

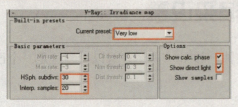
图6.8

图6.9

6.2.2 布置场景灯光

本场景光线来源主要为室外天光、日光和室内灯光，在为场景创建灯光前，首先用一种白色材质覆盖场景中的所有物体，这样便于观察灯光对场景的影响。

Step 01 按M键打开"材质编辑器"对话框，选择一个空白材质球，单击其 Standard 按钮，在弹出的"材质/贴图浏览器"对话框中选择 VRayMtl 材质，将材质命名为"替换材质"，具体参数设置如图6.10所示。

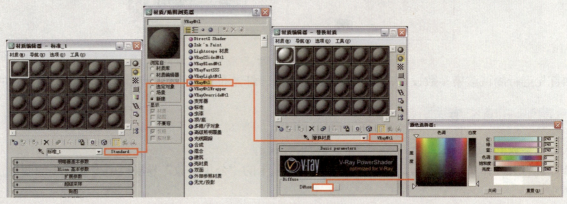
图6.10

Step 02 按F10键打开"渲染场景"对话框，进入"渲染器"选项卡，在V-Ray:: Global switches卷展栏中，勾选Override mtl前的复选框，然后进入"材质编辑器"对话框中，将"替换材质"材质的材质球拖放到Override mtl右侧的None贴图通道按钮上，并以"实例"方式进行关联复制，具体参数设置如图6.11所示。

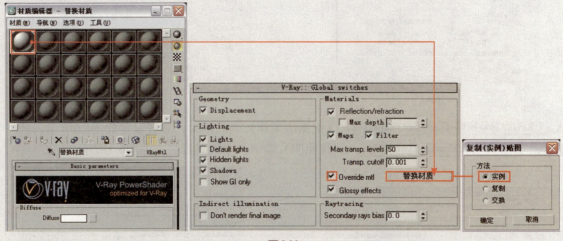
图6.11

Step 03 下面开始室外日光的创建，单击 （创建）按钮进入创建命令面板，单击 （灯光）按钮，在下拉菜单中选择"标准"选项，然后在"对象类型"卷展栏中单击 目标平行光 按钮，在视图中创建一盏目标平行光，位置如图6.12所示。参数设置如图6.13所示。

图6.12

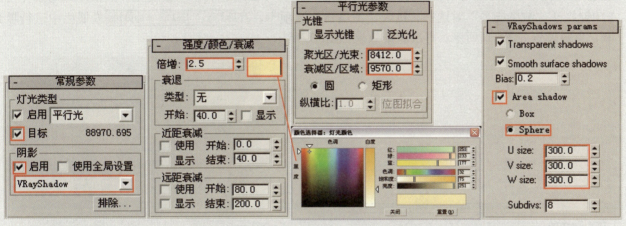

图6.13

Step 04 因物体"外景"在建筑物前，为了使目标平行光能够直接照射到室内产生正确的光照效果，下面将对目标平行光进行设置，使其排除对物体"外景"的影响。在目标平行光的"常规参数"卷展栏中，单击 排除... 按钮，在弹出的"排除/包含"对话框中进行参数设置，如图6.14所示。对摄像机视图进行渲染，此时效果如图6.15所示。

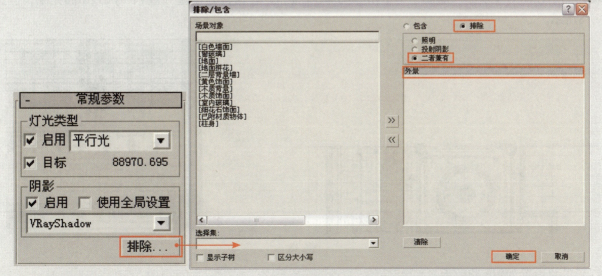

图6.14

图6.15

Step 05 从渲染效果中可以发现场景由于日光的照射曝光严重，下面通过调整场景曝光参数来降低场景亮度。按F10键打开"渲染场景"对话框，进入"渲染器"选项卡，在 V-Ray:: Color mapping 卷展栏中进行曝光控制，参数设置如图6.16所示。再次渲染效果如图6.17所示。

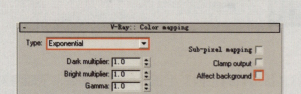

图6.16　　　　　　　　　　　图6.17

Step 06 下面开始天光的创建。单击 进入创建命令面板，单击 （灯光）按钮，在下拉菜单中选择VRay选项，然后在"对象类型"卷展栏中单击 VRayLight 按钮，在窗口处创建一盏VRayLight面光源，位置如图6.18所示。

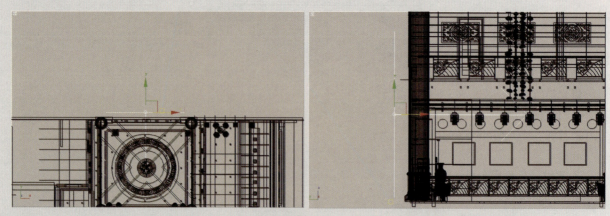

图6.18

Step 07 灯光参数设置如图6.19所示。

chapter 06
简中大堂空间表现

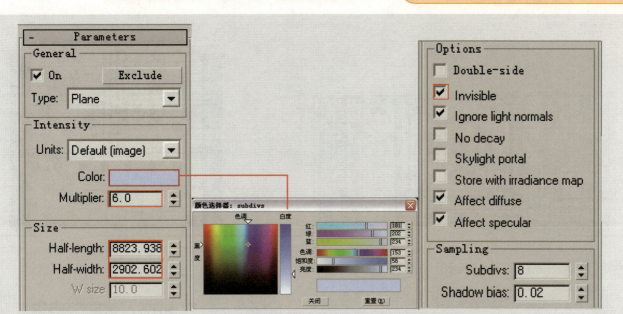

图6.19

Step 08 在视图中，选中刚刚创建的模拟天光的VRayLight面光源，将其关联复制出1盏，调整灯光位置如图6.20所示。

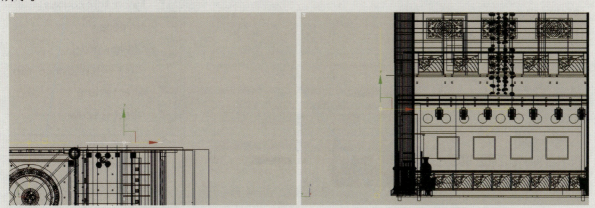

图6.20

Step 09 对摄像机视图进行渲染效果如图6.21所示。

图6.21

Step 10 下面继续为场景创建天光。在窗口处创建一盏VRayLight面光源，灯光位置如图6.22所示。

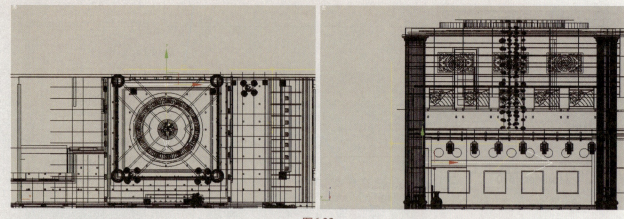

图6.22

Step 11 灯光参数设置如图6.23所示。

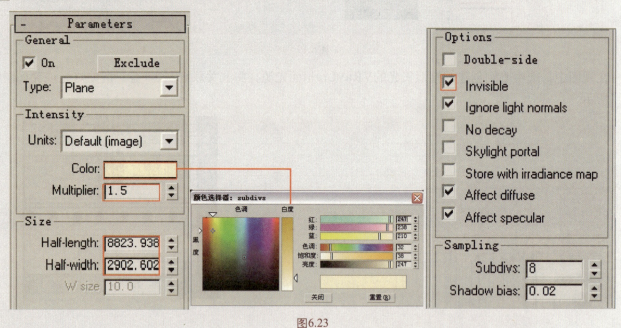

图6.23

Step 12 在视图中,选中刚刚创建的天光VRayLight面光源,将其关联复制出1盏灯光,调整灯光位置,如图6.24所示。

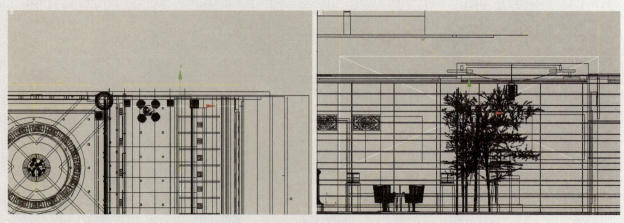

图6.24

Step 13 对摄像机视图进行渲染,效果如图6.25所示。

图6.25

Step 14 下面为场景创建顶棚处的暗藏灯光。在顶棚处创建一盏VRayLight面光源,灯光位置如图6.26所示。

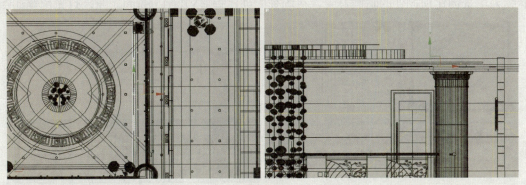

图6.26

Step 15 灯光参数设置如图6.27所示。

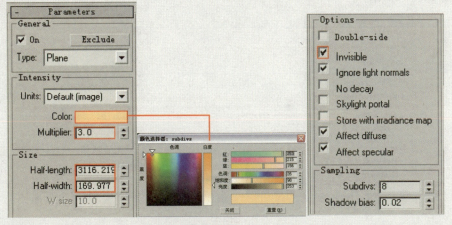

图6.27

Step 16 在视图中,选中刚刚创建的暗藏灯光VRayLight面光源,将其关联复制出21盏灯光,灯光位置如图6.28所示。

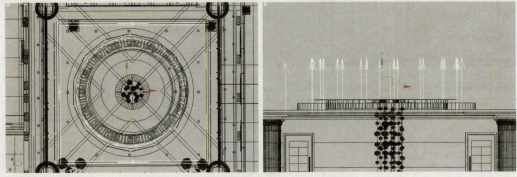

图6.28

Step 17 对摄像机视图进行渲染,效果如图6.29所示。

图6.29

Step 18 下面继续为场景创建顶棚处的暗藏灯光,在场景中创建一盏VRayLight面光源,灯光位置如图6.30所示。

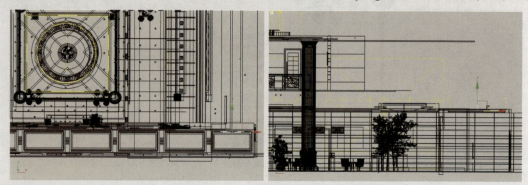

图6.30

Step 19 灯光参数设置如图6.31所示。

图6.31

Step 20 在视图中,选中刚刚创建的暗藏灯光VRayLight面光源,将其关联复制出19盏灯光,灯光位置如图6.32所示。

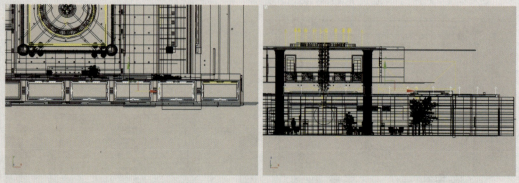

图6.32

Step 21 对摄像机视图进行渲染,效果如图6.33所示。

图6.33

Step 22 下面开始设置顶棚处的灯光。在场景中创建一盏VRayLight面光源,来模拟顶棚处的灯光,灯光位置如图6.34所示。

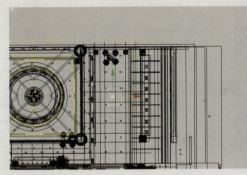 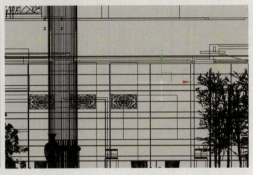

图6.34

Step 23 灯光参数如图6.35所示。

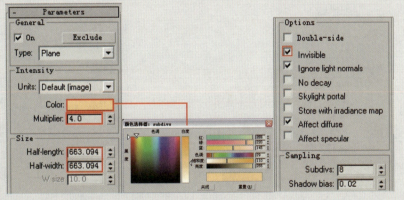

图6.35

Step 24 在视图中,选中刚刚创建的VRayLight面光源,将其关联复制出7盏,调整灯光位置如图6.36所示。

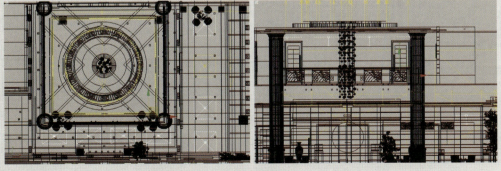

图6.36

Step 25 对摄像机视图进行渲染,效果如图6.37所示。

图6.37

Step 26 接下来继续为场景创建顶棚处的灯光。在顶棚处创建一盏VRayLignt面光源,灯光位置如图6.38所示。

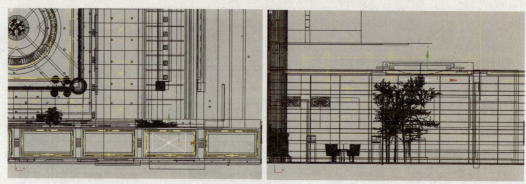

图6.38

Step 27 灯光参数设置如图6.39所示。

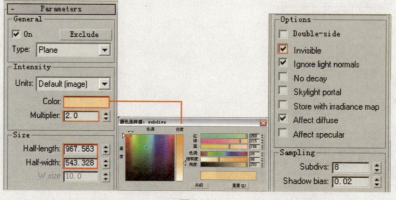

图6.39

Step 28 在视图中,选中刚刚创建的VRayLight面光源,将其关联复制出4盏,调整灯光位置如图6.40所示。

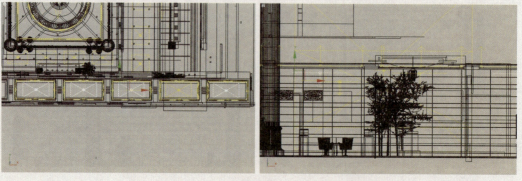

图6.40

Step 29 对摄像机视图进行渲染，效果如图6.41所示。

图6.41

Step 30 下面开始设置顶棚处的筒灯灯光。单击 进入创建命令面板，单击 （灯光）按钮，在下拉菜单中选择"光度学"选项，然后在"对象类型"卷展栏中单击 目标点光源 按钮，在图6.42所示位置创建一个目标点光源来模拟室内的筒灯灯光。

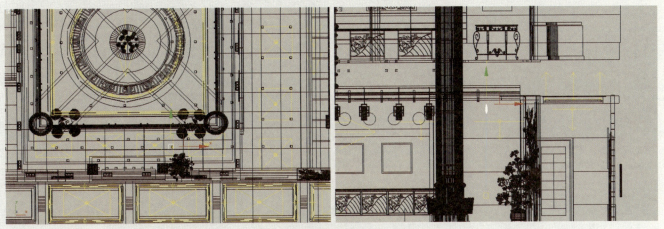

图6.42

Step 31 进入修改命令面板对创建的自由点光源参数进行设置，如图6.43所示。光域网文件为本书配套光盘提供的"第12章\贴图\28.IES"文件。

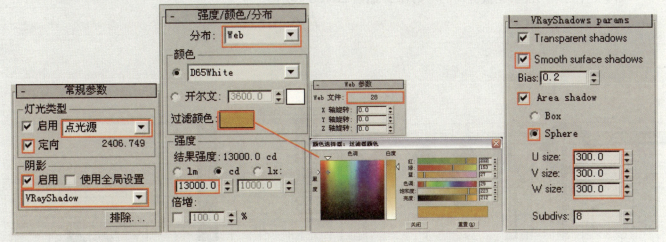

图6.43

Step 32 在视图中，选中刚刚创建的顶部筒灯灯光，将其关联复制出15盏，调整灯光位置如图6.44所示。

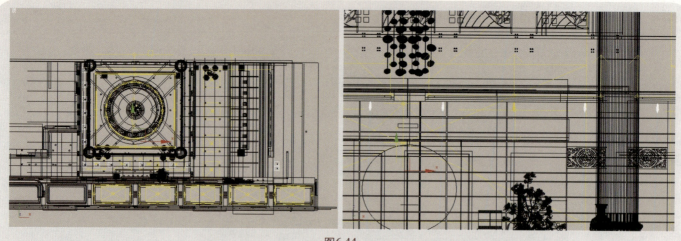

图6.44

Step 33 对摄像机视图进行渲染，效果如图6.45所示。

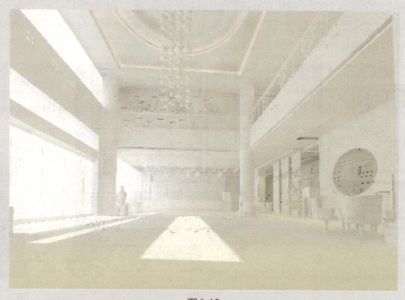

图6.45

Step 34 下面为场景创建射灯灯光，在图6.46所示位置创建一盏"目标点光源"，灯光参数设置如图6.47所示。光域网文件为本书配套光盘提供的"第12章\贴图\28.IES"文件。

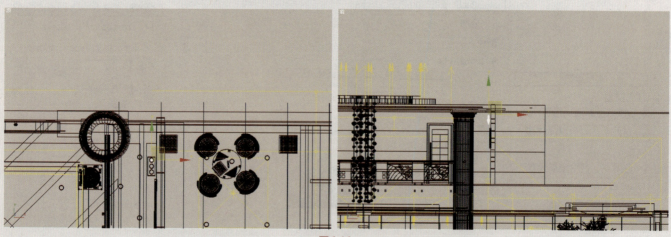

图6.46

简中大堂空间表现

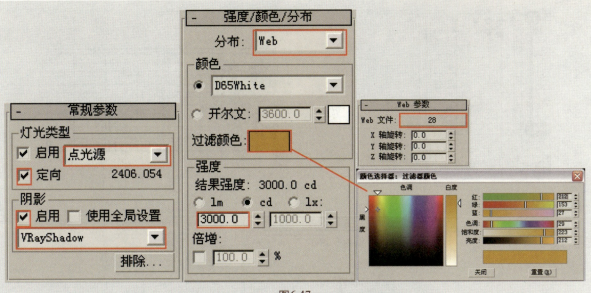

图6.47

Step 35 在视图中,选中刚刚创建的射灯灯光,将其关联复制出9盏,调整灯光位置如图6.48所示。

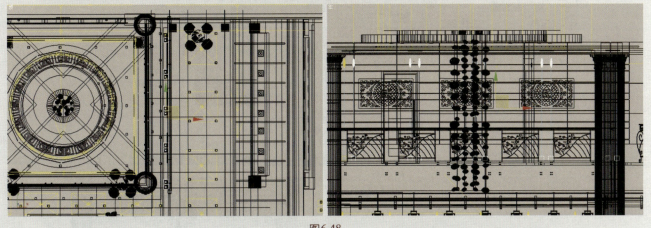

图6.48

Step 36 对摄像机视图进行渲染,效果如图6.49所示。

图6.49

Step 37 下面继续为场景创建背景墙处的射灯灯光,在图6.50所示位置创建一盏"目标点光源",灯光参数设置如图6.51所示。光域网文件为本书配套光盘提供的"第12章\贴图\28.IES"文件。

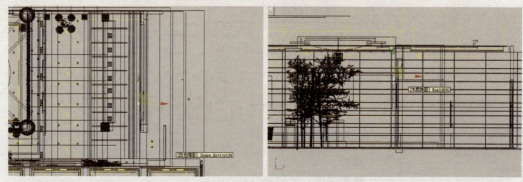

图6.50

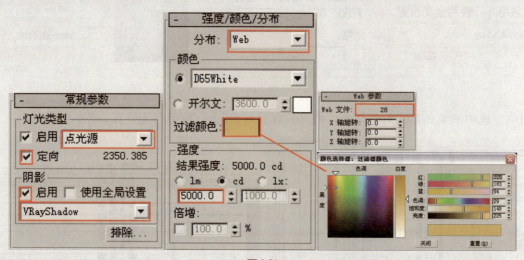

图6.51

Step 38 在视图中,选中刚刚创建的射灯灯光,将其关联复制出3盏,调整灯光位置如图6.52所示。

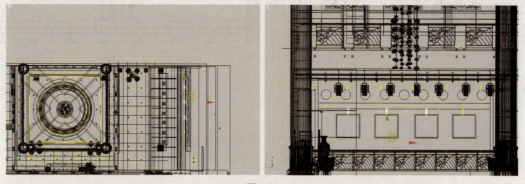

图6.52

Step 39 对摄像机视图进行渲染,效果如图6.53所示。

图6.53

Step 40 从渲染结果来看，场景灯光有点亮，可以通过调整二次反弹的数值来得到更理想的效果，进入 `V-Ray:: Indirect illumination (GI)` 卷展栏，再次对摄像机视图进行渲染，效果如图6.54所示。参数设置如图6.55所示。

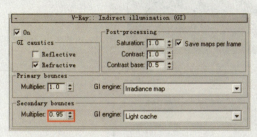

图6.54　　　　　　　　　　　　　　　　图6.55

上面分别对室外的天光、日光和室内的光源进行了测试，最终测试结果比较令人满意，下面对场景的材质进行设置。

6.3 设置场景材质

简中大堂的材质是比较丰富的，主要集中在木质、石材、玻璃等材质设置上，如何很好地表现这些材质的效果是表现的重点与难点。

 提示：在制作模型的时候就必须清楚物体的材质的区别，将同一种材质的物体进行成组或附加，这样可以为赋予物体材质提供很多方便。

Step 01 在设置场景材质前，首先要取消前面对场景物体的材质替换状态。按F10键打开"渲染场景"对话框，在 `V-Ray:: Global switches` 卷展栏中，取消Override mtl前的复选框的勾选状态，如图6.56所示。

Step 02 首先设置白色乳胶漆材质。在"材质编辑器"对话框中选择一个空白材质球，将其设置为 VRayMtl 材质，并将材质命名为"白色乳胶漆"，单击Diffuse右侧的颜色按钮，具体参数设置如图6.57所示。将材质指定给物体"白色墙面"，对摄像机视图进行渲染，局部效果如图6.58所示。

图6.56

图6.57

图6.58

Step 03 下面设置细花石材质。在"材质编辑器"对话框中选择一个空白材质球,将其设置为 VRayMtl 材质,并将材质命名为"细花石",单击Diffuse右侧的贴图按钮,为其添加一个"位图"贴图,具体参数设置如图6.59所示。贴图文件为本书配套光盘提供的"第12章\贴图\新雅米黄-2.jpg"文件。

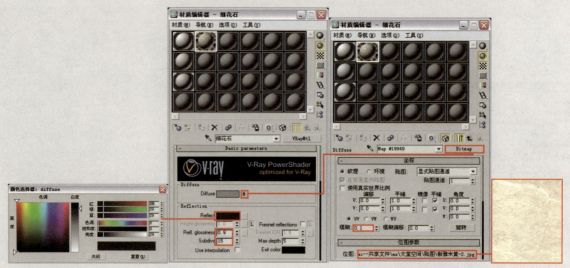

图6.59

Step 04 将材质指定给物体"细花石饰面",对摄像机视图进行渲染局部效果如图6.60所示。

图6.60

Step 05 下面设置柱身石材材质。在"材质编辑器"对话框中选择一个空白材质球,将其设置为 VRayMtl 材质,并将材质命名为"柱身石材",单击Diffuse右侧的贴图按钮,为其添加一个"位图"贴图,具体参数设置如图6.61所示。贴图文件为本书配套光盘提供的"第12章\贴图\1115911218.jpg"文件。

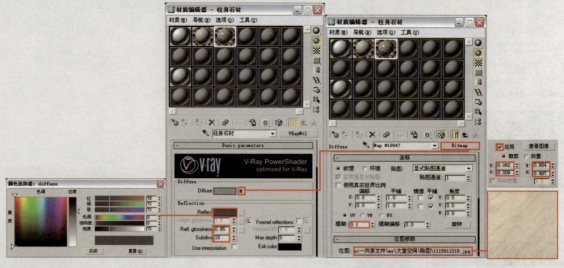

图6.61

Step 06 将材质指定给物体"柱身",对摄像机视图进行渲染,局部效果如图6.62所示。

chapter 06 简中大堂空间表现

> 提示：场景中部分物体材质已经事先设置好，这里仅对场景中的主要材质进行讲解。

Step 07 下面设置米黄石材质。在"材质编辑器"对话框中选择一个空白材质球，将其设置为 VRayMtl 材质，并将材质命名为"米黄石"，单击Diffuse右侧的贴图按钮，为其添加一个"位图"贴图，具体参数设置如图6.63所示。贴图文件为本书配套光盘提供的"第12章\贴图\1115911218.jpg"文件。

图6.62

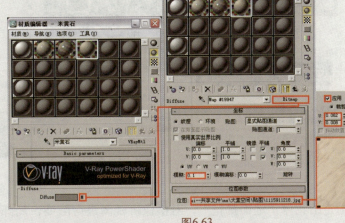
图6.63

Step 08 返回VRayMtl材质层级，单击Reflect右侧的贴图按钮，为其添加一个"衰减"程序贴图，具体参数设置如图6.64所示。将材质指定给物体"地面"，对摄像机视图进行渲染，局部效果如图6.65所示。

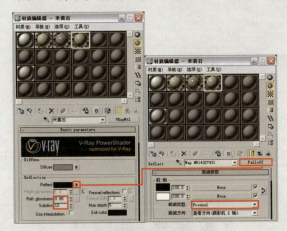
图6.64

图6.65

Step 09 接下来设置石-大黑花材质。在"材质编辑器"对话框中选择一个空白材质球，将其设置为 VRayMtl 材质，并将材质命名为"石-大黑花"，单击Diffuse右侧的贴图按钮，为其添加一个"位图"贴图，具体参数设置如图6.66所示。贴图文件为本书配套光盘提供的"第12章\贴图\a-f-005.jpg"文件。

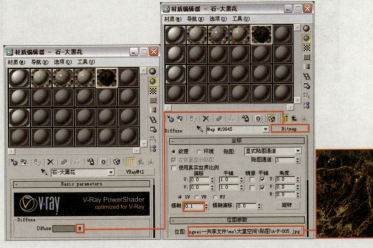
图6.66

Step 10 返回VRayMtl材质层级,单击Reflect右侧的贴图按钮,为其添加一个"衰减"程序贴图,具体参数设置如图6.67所示。

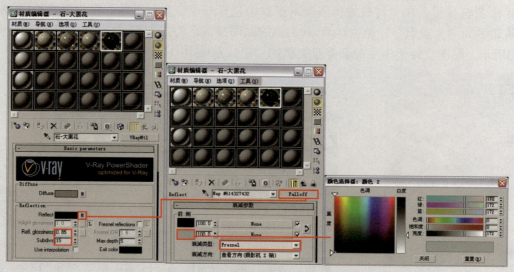

图6.67

Step 11 将材质指定给物体"地面拼花",对摄像机视图进行渲染,局部效果如图6.68所示。

图6.68

⚠ 提示:场景中部分物体材质已经事先设置好,这里仅对场景中的主要材质进行讲解。

Step 12 接下来设置浅色室内玻璃材质。选择一个空白"标准"材质球,将材质设置为"混合"材质,并将材质命名为"浅色室内玻璃",具体参数设置如图6.69所示。

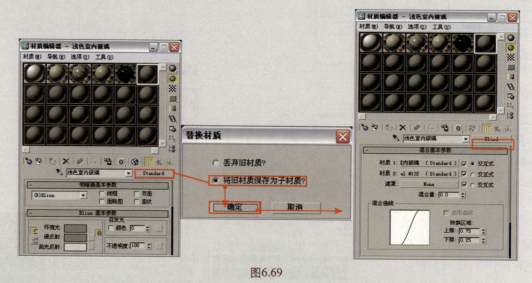

图6.69

Step 13 在"混合"材质等级,单击"材质1"右侧的贴图按钮,将其设置为 VRayMtl 材质,并将材质球命名为"浅色玻璃",参数设置如图6.70所示。

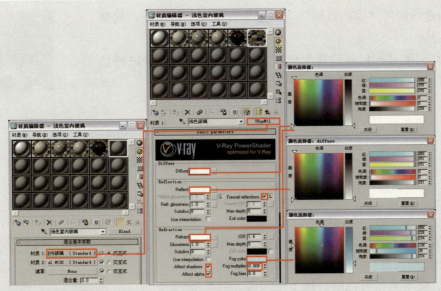

图6.70

Step 14 返回"混合"材质层级,点击"材质2"右侧的贴图通道按钮,进行参数设置,如图6.71所示。

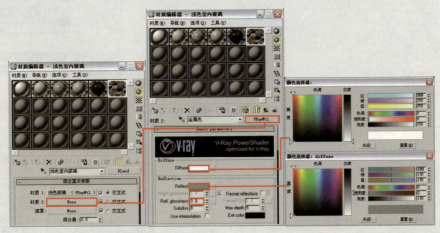

图6.71

Step 15 再次返回"混合"材质层级,点击"遮罩"右侧的贴图通道按钮,进行参数设置如图6.72所示。贴图文件为本书配套光盘提供的"第12章\贴图\df44.jpg"文件。

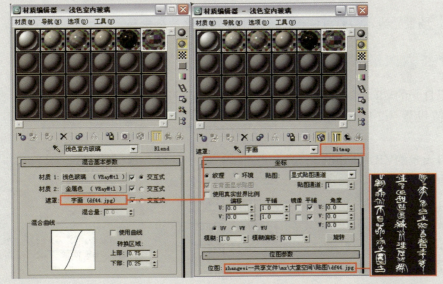

图6.72

Step 16 最后将材质指定给物体"室内玻璃",对摄像机视图进行渲染,局部效果如图6.73所示。

至此,场景的灯光测试和材质设置都已经完成,下面将对场景进行最终渲染设置。最终渲染设置将决定图像的最终渲染品质。

图6.73

6.4 最终渲染设置

6.4.1 最终测试灯光效果

场景中材质设置完毕后需要对场景进行渲染,观察此时的场景效果。对摄影机视图进行渲染,效果如图6.74所示。

观察渲染效果,场景光线有点暗,接下来对曝光参数卷展栏进行参数设置,如图6.75所示。再次对摄像机视图进行渲染,效果如图6.76所示。

图6.74

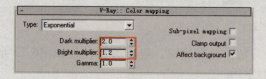

图6.75　　　　　　图6.76

观察渲染效果,场景光线不需要再调整,接下来设置最终渲染参数。

6.4.2 灯光细分参数设置

Step 01 将窗口处模拟日光的VRayLight的阴影细分值设置为24,如图6.77所示。

Step 02 将窗口处模拟天光的VRayLight的灯光细分值设置为20,如图6.78所示。

Step 03 将室内的辅助光源VRayLight的灯光细分值设置为9,筒灯的阴影细分设置为12,如图6.79所示。

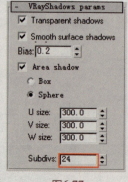 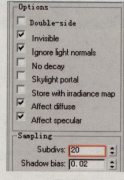 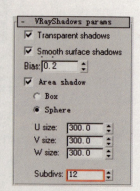

图6.77　　　　　图6.78　　　　　图6.79

6.4.3 设置保存发光贴图和灯光贴图的渲染参数

在前几章中已经多次讲解保存发光贴图和灯光贴图的方法，这里就不再重复，只对渲染级别设置进行讲解。

Step 01 下面进行渲染级别设置。进入 V-Ray:: Irradiance map 卷展栏，设置参数如图6.80所示。

Step 02 进入 V-Ray:: Light cache 卷展栏，设置参数如图6.81所示。

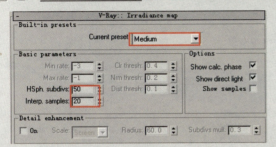

图6.80

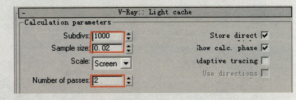

图6.81

Step 03 在 V-Ray:: rQMC Sampler（准蒙特卡罗采样器）卷展栏中设置参数如图6.82所示，这是模糊采样设置。

渲染级别设置完毕，最后设置保存发光贴图和灯光贴图的参数并进行渲染即可。

图6.82

6.4.4 最终成品渲染

最终成品渲染的参数设置如下。

Step 01 首先设置出图尺寸。当发光贴图和灯光贴图计算完毕后，在"渲染场景"对话框中的"公用"选项卡中设置最终渲染图像的输出尺寸，如图6.83所示。

Step 02 在 V-Ray:: Global switches 卷展栏中取消Don't render final image选项的勾选，如图6.84所示。

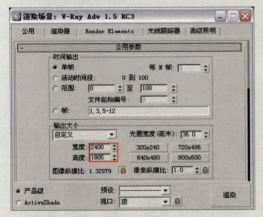

图6.83

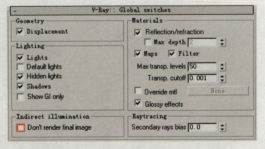

图6.84

Step 03 在 Image sampler (Antialiasing) 卷展栏中设置抗锯齿和过滤器，如图6.85所示。

Step 04 最终渲染完成的效果如图6.86所示。

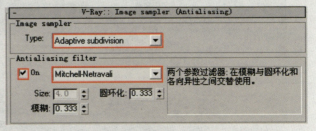

图6.85

图6.86

最后使用Photoshop软件对图像的亮度、对比度以及饱和度进行调整，使效果更加生动、逼真。在前面几章中已经多次对后期处理的方法进行了讲解，这里就不再赘述。后期处理后最终效果如图6.87所示。

图6.87

第7章 办公大厦表现

Chapter 07

3ds Max+VRay

7.1 办公大厦空间简介

本章实例表现的是一个办公大厦。仰视的角度显得大厦更加高大雄伟,翠绿、光洁的窗玻璃带有一种强烈的现代气息。

办公大厦案例效果如图7.1所示。

图7.1

图7.2所示为办公大厦模型的线框效果图。

图7.2

7.2 办公大厦测试渲染设置

打开配套光盘中"办公大厦源文件.max"场景文件,如图7.3所示,可以看到这是一个已经创建好的大厦场景模型,并且场景中的摄影机已经创建好。

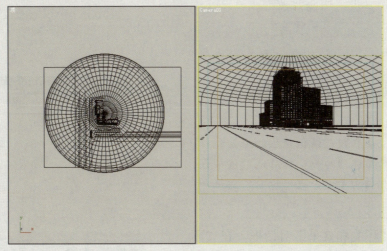

图7.3

下面首先进行测试渲染参数设置,然后进行灯光设置。

7.2.1 设置测试渲染参数

测试渲染参数的设置步骤如下。

Step 01 按F10键打开"渲染场景"对话框,渲染器已经设置为V-Ray Adv 1.5 RC3渲染器,在"公用参数"卷展栏中设置较小的图像尺寸,如图7.4所示。

Step 02 进入"渲染器"选项卡,在 V-Ray:: Global switches 卷展栏中的参数设置如图7.5所示。

图7.4

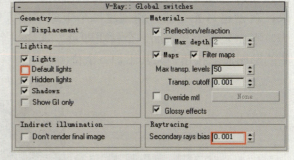

图7.5

Step 03 进入 V-Ray:: Image sampler (Antialiasing) (抗锯齿采样)卷展栏中,参数设置如图7.6所示。

Step 04 在 V-Ray:: Indirect illumination (GI) (间接照明)卷展栏中设置参数,如图7.7所示。

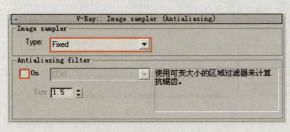

图7.6

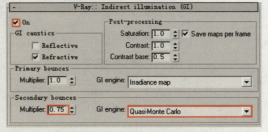

图7.7

Step 05 在 V-Ray:: Irradiance map (发光贴图)卷展栏中设置参数,如图7.8所示。

Step 06 在 `V-Ray:: Quasi-Monte Carlo GI`（准蒙特卡罗GI）卷展栏中设置参数，如图7.9所示。

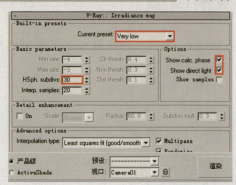

图7.8

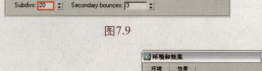

图7.9

> 提示：预设测试渲染参数是根据自己的经验和计算机本身的硬件配置得到的一个相对低的渲染设置，读者可将上面的数据作为参考，也可以自己尝试一些其他的参数设置。

Step 07 按"F8"键打开"环境和效果"对话框，在"环境"选项卡中，设置背景颜色如图7.10所示。

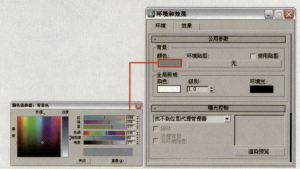

图7.10

7.2.2 布置场景灯光

下面开始为场景布置灯光。由于场景是室外，而且渲染器又选择了VRay，所以灯光布置会相对简单一些。

Step 01 因为办公大厦表面大部分都是玻璃材质，为了使玻璃的反射效果更加丰富，也为了达到更好的照明效果，在创建灯光之前，需创建一个半球型的天空，并为其添加一个发光材质。天空的模型已经创建完毕，下面只需为其添加一个材质即可。选择一个空白材质球，将其命名为"天光"。单击"漫反射"右侧的贴图通道按钮，为其添加一个位图贴图。具体参数设置如图7.11所示。

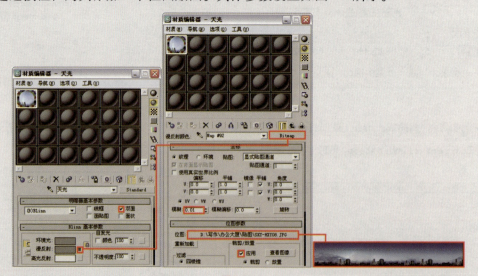

图7.11

Step 02 返回标准材质层级，将"漫反射"右侧的贴图关联复制到"自发光"右侧的贴图通道上，如图7.12所示。

Step 03 将材质指定给物体"球天",对摄像机视图进行渲染,效果如图7.13所示。

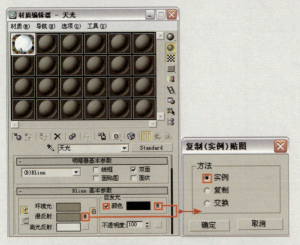

图7.12

图7.13

Step 04 接下来创建阳光。在此将会只布置一盏"目标平行光"来模拟日光。单击 (创建) 按钮进入创建命令面板,单击 (灯光) 按钮,在下拉菜单中选择"标准"选项,然后在"对象类型"卷展栏中单击 目标平行光 按钮,创建一个目标平行光,位置如图7.14所示。参数设置如图7.15所示。

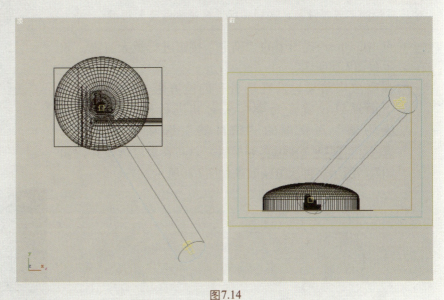

图7.14

图7.15

Step 05 由于物体"球天"挡住了阳光的照入,这里需要使目标平行光排除物体"球天",参数设置如图7.16所示。

Step 06 由于视角需要,这里采用放大渲染。在主工具栏上将渲染类型设置为"放大",单击 按钮,然后在Camera视图中调整渲染区域大小,如图7.17所示。

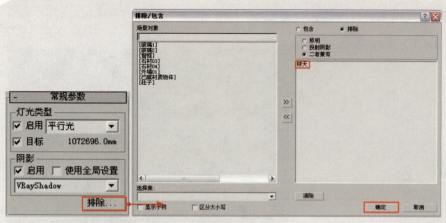
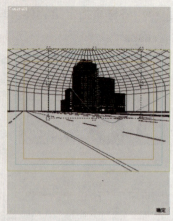

图7.16　　　　　　　　　　　　　　图7.17

> 提示：设置为"放大"渲染类型，可以在渲染图像尺寸不变的情况下，对渲染区域中的图像进行放大渲染，而对区域外的不进行渲染，这样可以进行输出图像的构图。

Step 07 点击Camera视图中的"确定"按钮进行放大渲染，效果如图7.18所示。

Step 08 观察渲染结果，发现场景有的地方曝光比较严重，下面通过设置曝光类型来对其进行修改。在"渲染场景"对话框的"渲染器"选项卡中，进入 `V-Ray:: Color mapping` 卷展栏，对其参数进行设置，如图7.19所示。再次渲染效果如图7.20所示。

图7.18

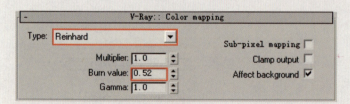

图7.19

图7.20

Step 09 阳光设置完毕，接着设置大厦里面的灯光。单击 进入创建命令面板，单击 （灯光）按钮，在下拉菜单中选择"标准"选项，然后在"对象类型"卷展栏中单击 泛光灯 按钮，创建一个泛光灯，位置如图7.21所示。参数设置如图7.22所示。

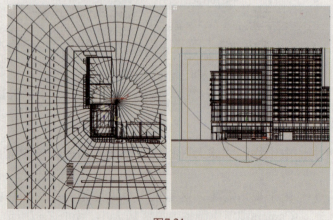

图7.21

chapter 07
办公大厦表现

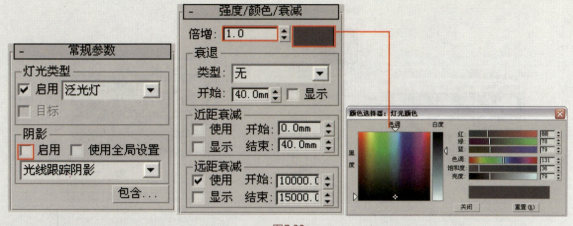

图7.22

Step 10 通过缩放工具将其缩放至合适的大小，如图7.23所示。

Step 11 因为窗玻璃还没有赋予材质，光线不能通过，在此先将物体"玻璃1"、"玻璃2"隐藏，对摄像机视图进行渲染，效果如图7.24所示。

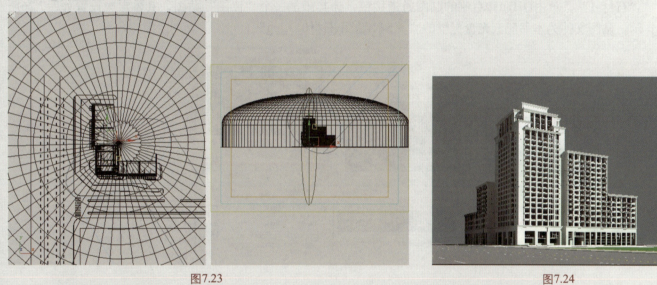

图7.23　　　　　　　　　　　　　　　　　　　图7.24

上面已经对场景的灯光进行了测试，最终测试结果比较令人满意，测试完灯光效果后，下面进行材质设置。

7.3 设置场景材质

灯光测试完成后，就可以为模型制作材质了。通常，首先设置主体模型的材质，如墙体、地面、门窗等，然后依次设置单个模型的材质。

7.3.1 设置主体材质

Step 01 首先来设置楼体外墙材质。外墙材质由两个部分组成：石材和黑线。这里选用混合材质来制作。按M键打开"材质编辑器"对话框，选择一个空白材质球，将其设置为"混合"材质，将其命名为"外墙01"，具体参数设置如图7.25所示。

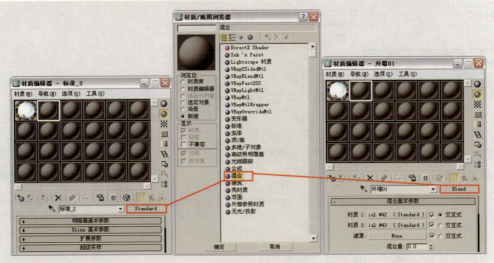

图7.25

Step 02 单击"材质1"右侧材质通道按钮,进入"材质1"材质层级,将其设置为VRayMtl材质,并将其命名为"石材-1",单击Diffuse右侧的贴图通道按钮,为其添加一个"位图"贴图,具体参数设置如图7.26所示。贴图文件为本书配套光盘提供的"第5章\贴图\石材013.jpg"。

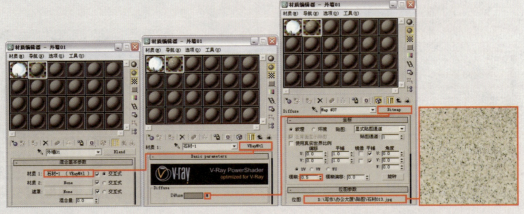

图7.26

Step 03 返回VRayMtl材质层级,单击Reflect右侧的贴图通道按钮,为其添加一个"衰减"程序贴图。具体参数设置如图7.27所示。

Step 04 返回VRayMtl材质层级,进入Maps卷展栏,单击Bump右侧的贴图通道按钮,为其添加一个"噪波"程序贴图,具体参数设置如图7.28所示。

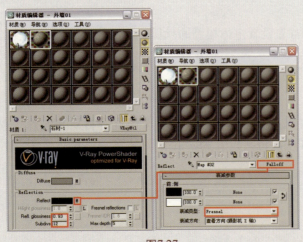

图7.27

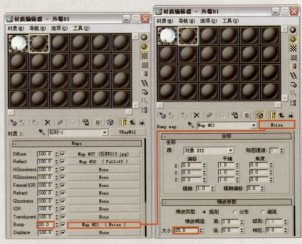

图7.28

办公大厦表现

Step 05 返回"混合"材质层级，单击"材质2"右侧通道按钮，进入"材质2"材质层级，将其命名为"黑线"，具体参数设置如图7.29所示。

Step 06 返回"混合"材质层级，单击"遮罩"右侧的贴图通道按钮，为其添加一个"位图"贴图，具体参数设置如图7.30所示。贴图文件为本书配套光盘提供的"第5章\贴图\117.jpg"。

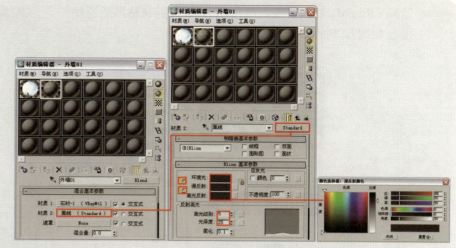

图7.29

Step 07 将材质指定给物体"外墙01"，对摄像机视图进行渲染，效果如图7.31所示。

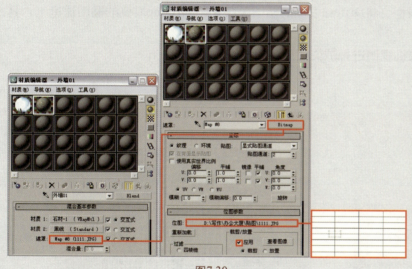

图7.30

图7.31

Step 08 接着设置外墙材质。选择一个空白材质球，将其设置为VRayMatl材质，并将其命名为"外墙02"，单击Diffuse右侧的贴图通道按钮，为其添加一个"位图"贴图，具体参数设置如图7.32所示。贴图文件为本书配套光盘提供的"第5章\贴图\石材012.jpg"。

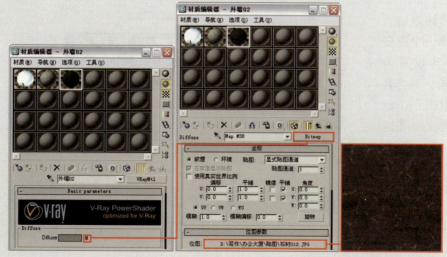

图7.32

Step 09 返回VRayMtl材质层级，单击Reflect右侧的贴图通道按钮，为其添加一个"衰减"程序贴图，具体参数设置如图7.33所示。

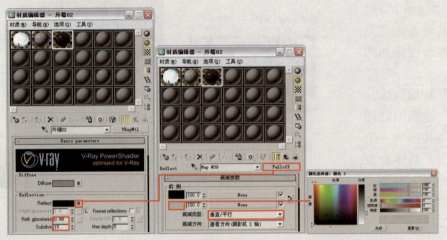

图7.33

Step 10 返回VRayMtl材质层级，进入Maps卷展栏，将Diffuse右侧的贴图关联复制到Bump右侧的贴图通道上，具体参数设置如图7.34所示。

Step 11 将材质指定给物体"外墙02"，对摄像机视图进行渲染效果如图7.35所示。

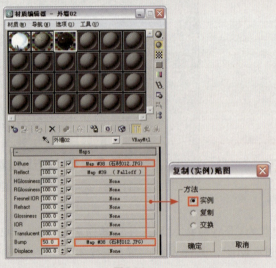

图7.34

图7.35

Step 12 接下来设置楼体边沿石材材质。选择一个空白材质球，将其设置为VRayMtl材质，并将其命名为"石材01"，单击Diffuse右侧的贴图通道按钮，为其添加一个"位图"贴图，具体参数设置如图7.36所示。贴图文件为本书配套光盘提供的"第5章\贴图\dls55.jpg"。

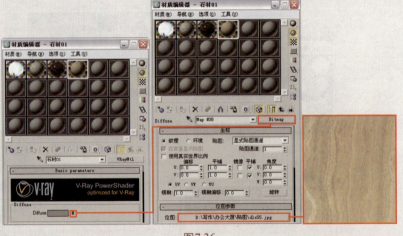

图7.36

Step 13 返回VRayMtl材质层级，单击Reflect右侧的贴图通道按钮，为其添加一个"衰减"程序贴图，具体参数设置如图7.37所示。

Step 14 返回VRayMtl材质层级，进入Maps卷展栏，将Diffuse右侧的贴图关联复制到Bump右侧的贴图通道上，具体参数设置如图7.38所示。

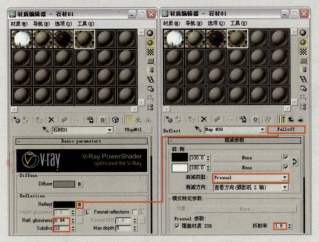

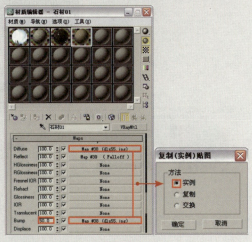

图7.37　　　　　　　　　　　　　　图7.38

Step 15 将材质指定给物体"石材01"，对摄像机视图进行渲染效果如图7.39所示。

Step 16 楼体柱子材质的设置。将材质"外墙01"拖拽复制到一个新的材质球上，并将其命名为"石材02"。单击"材质1"材质通道按钮，进入"材质1"层级，将其命名为"柱"，单击Diffuse右侧的贴图通道按钮，为其添加一个"位图"贴图，具体参数设置如图7.40所示。贴图文件为本书配套光盘提供的"第5章\贴图\石材005.jpg"。

图7.39

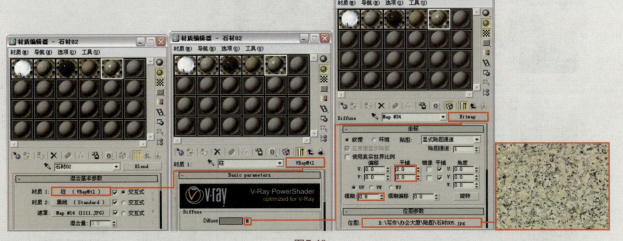

图7.40

Step 17 返回上一材质层级，设置反射（Reflect）如图7.41所示。

Step 18 返回VRayMtl材质层级，进入BRDF卷展栏，改变其高光类型如图7.42所示。

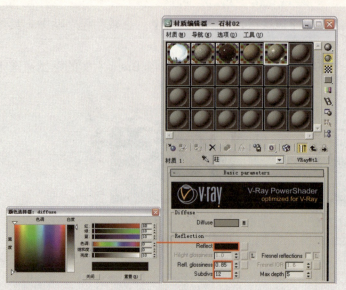

图7.41

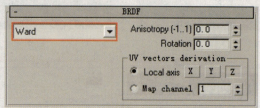

图7.42

Step 19 将材质指定给物体"柱子",对摄影机视图进行渲染,效果如图7.43所示。

图7.43

7.3.2 设置场景其他材质

Step 01 场景中玻璃材质的设置。选择一个空白的材质球,将其命名为"玻璃1",具体参数设置如图7.44所示。

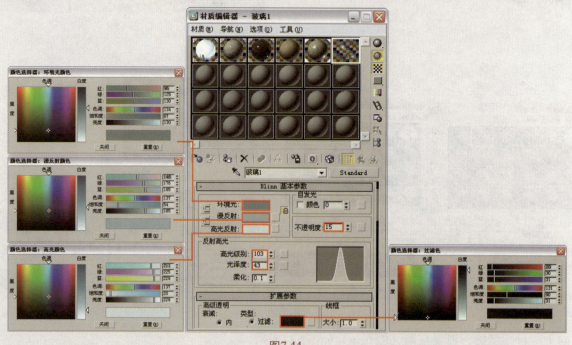

图7.44

Step 02 将物体"玻璃1"显示,并将制作好的材质指定给它,对摄像机视图进行渲染,效果如图7.45所示。

Step 03 进入"贴图"材质层级,单击"反射"右侧的贴图通道按钮,为其添加一个VRayMap程序贴图,具体参数设置如图7.46所示。

图7.45

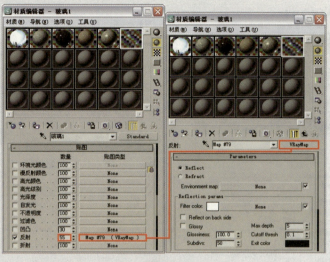

图7.46

Step 04 接着设置场景中的玻璃材质。选择一个空白的材质球,将其命名为"玻璃2",具体参数设置如图7.47所示。

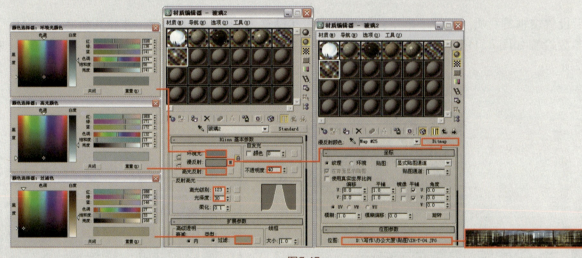

图7.47

Step 05 进入"贴图"材质层级,将"漫反射"右侧的贴图复制到"自发光"右侧的贴图通道上,具体参数设置如图7.48所示。

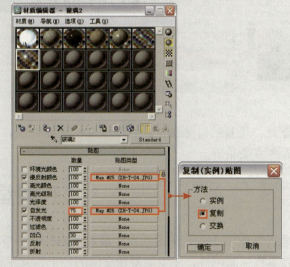

图7.48

Step 06 单击反射右侧的贴图通道按钮,为其添加一个VRayMap程序贴图,具体参数设置如图7.49所示。将物体"玻璃2"显示,并将制作好的材质指定给它,对摄像机视图进行渲染,效果如图7.50所示。

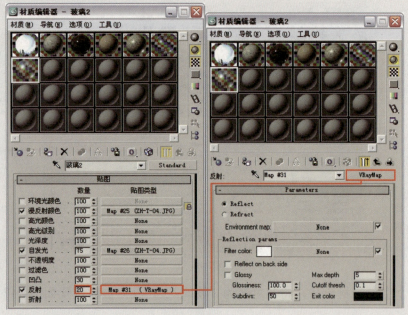
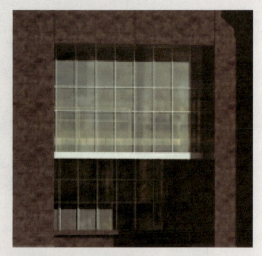

图7.49　　　　　　　　　　　　　　　　　　图7.50

Step 07 最后设置窗框的材质。选择一个空白材质球,将其设置为VRayMatl材质,并将其命名为"窗框",具体参数设置如图7.51所示。将材质指定给物体"窗框",对摄像机视图进行渲染,窗框局部效果如图7.52所示。

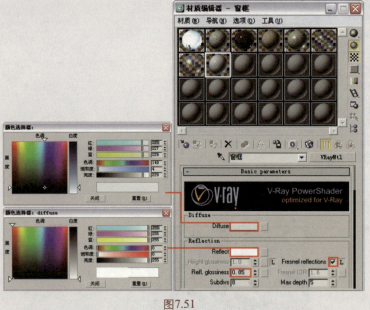

图7.51　　　　　　　　　　　　　　　　　　图7.52

至此,场景的灯光测试和材质设置都已经完成,下面将对场景进行最终渲染设置。最终渲染设置将决定图像的最终渲染品质。

7.4 最终渲染设置

最终图像渲染是效果图制作中最重要的一个环节,最终的设置将直接影响到图像的渲染品质,但是也不是所有的参数越高越好,主要是参数之间的一个相互平衡。下面对最终渲染设置进行讲解。

7.4.1 最终测试灯光效果

场景中材质设置完毕后需要对场景进行渲染，观察此时的场景效果。对摄影机视图进行渲染效果如图7.53所示。

观察渲染效果，场景光线不需要再调整，接下来设置最终渲染参数。

图7.53

7.4.2 灯光细分参数设置

提高灯光细分值可以有效地减少场景中的杂点，但渲染速度也会相对降低，所以只需要提高一些开启阴影设置的主要灯光的细分值，而且不能设置得过高。下面对场景中的主要灯光进行细分设置。

将模拟太阳光的目标平行光Direct01的灯光细分值设置为24，如图7.54所示。

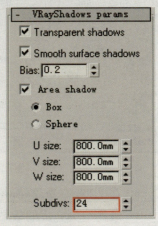

图7.54

7.4.3 设置保存发光贴图和灯光贴图的渲染参数

在前几章中已经多次讲解保存发光贴图和灯光贴图的方法，这里就不再重复，只对渲染级别设置进行讲解。

Step 01 下面进行渲染级别设置。进入 V-Ray:: Irradiance map 卷展栏，设置参数如图7.55所示。

Step 02 进入 V-Ray:: Quasi-Monte Carlo GI 卷展栏，设置参数如图7.56所示。

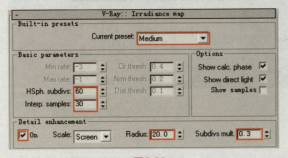

图7.55

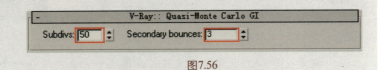

图7.56

Step 03 在 V-Ray:: rQMC Sampler （准蒙特卡罗采样器）卷展栏中设置参数如图7.57所示，这是模糊采样设置。

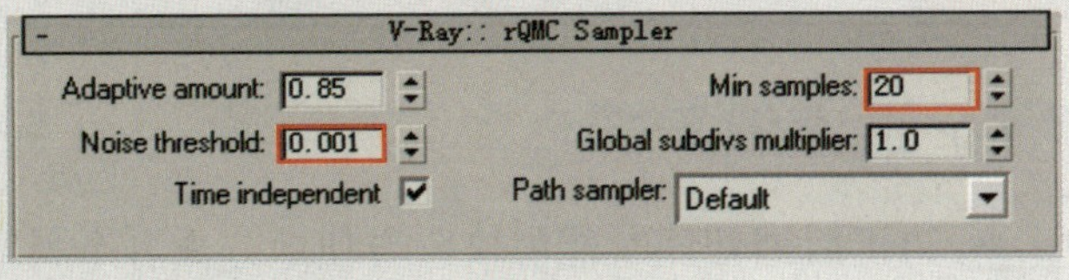

图7.57

7.4.4 最终成品渲染

最终成品渲染的参数设置如下。

Step 01 当发光贴图和灯光贴图计算完毕后,在"渲染场景"对话框中的"公用"选项卡中设置最终渲染图像的输出尺寸,如图7.58所示。

Step 02 在 `V-Ray:: Global switches` 卷展栏中取消Don't render final image选项的勾选,如图7.59所示。

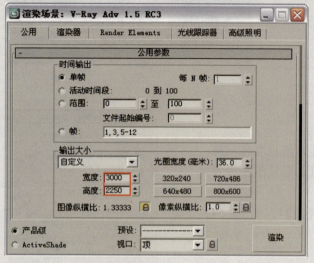

图7.58

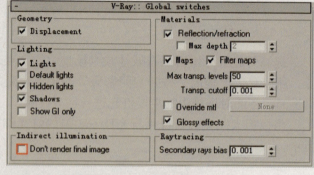

图7.59

Step 03 在 `V-Ray:: Image sampler (Antialiasing)` 卷展栏中设置抗锯齿和过滤器,如图7.60所示。

Step 04 最终渲染完成的效果如图7.61所示。

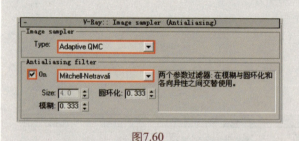

图7.60

图7.61

 提示:TGA格式的输出文件,在通道中会自动保存一个场景物体的通道图,这可以帮助我们非常方便地进行文件背景的分离。

7.4.5 通道渲染

Step 01 为了后期处理时能够快速方便地分离各个材质部分,接下来需要渲染一张能够区分各个材质的颜色通道图,具体制作方法是:选择材质编辑器中已经设置好的材质,将其设置为"标准"材质,并为其指定一个高饱和度的颜色,色相尽量和其他材质的颜色区别明显一些,如图7.62所示。

chapter 07 办公大厦表现

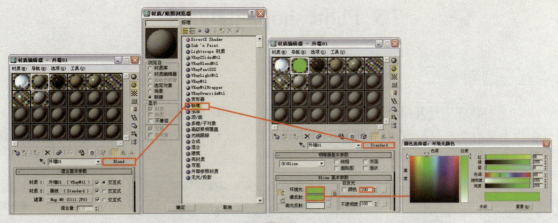

图7.62

> 提示：在此我们用"标准"材质进行制作通道，通道的颜色尽量使用红色、绿色、蓝色、青色、洋红色、黄色、黑色和白色。目的是在PhotoShop后期调整中能更准确地选择各个要调整部分的选区。

Step 02 将其余材质也设置为"标准"材质，设置不同的颜色即可，设置完成的材质编辑器如图7.63所示。

> 提示：渲染通道时另存一个文件，将"已赋予材质物体"炸开，然后用吸管吸取他们的材质，并将其依次设置为"标准"材质。

Step 03 在 V-Ray:: Indirect illumination (GI) (VRay:间接照明GI)卷展栏中，取消间接照明，取消On(开)项的勾选，如图7.64所示。

Step 04 将场景中的灯光关闭，其他参数不变的情况下对摄影机视图进行渲染，将渲染出来的图像保存为TGA格式的文件，最后通道效果如图7.65所示。

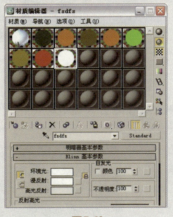

图7.63

图7.64

图7.65

173

7.5 Photoshop后期处理

7.5.1 初步处理画面

Step 01 在Photoshop CS3软件中打开渲染效果文件以及通道图，如图7.66所示。

Step 02 在工具面板上单击 ![移动工具] （移动工具）按钮，将通道文件拖放到渲染效果文件中，拖放时按住Shift键可以使图像自动对齐，将层命名为"通道"，如图7.67所示。

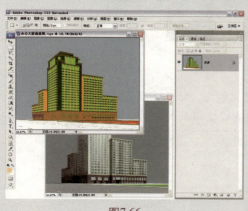

图7.66　　　　　　　　　　　图7.67

⚠ 提示：接下来的操作都会在渲染效果文件中进行，通道文件在执行完上述操作后就可以关闭了。

Step 03 下面将建筑与背景分离。选择"通道"，在工具面板上选择魔棒工具，在天空区域单击，按Ctrl+Shift+I键执行"反选"操作，选择"背景"图层，按Ctrl+J键（通过拷贝的图层）将选区内容复制到一个新层中，将层命名为"建筑"。并将此图层拖至所有图层上方，如图7.68所示。

图7.68

Step 04 下面调整建筑的色彩。选择"图层"|"新建调整图层"|"色彩平衡"命令，在弹出的对话框中选中"使用前一图层创建剪贴蒙版"选项，单击"确定"按钮退出对话框，设置接下来弹出的对话框如图7.69、图7.70和图7.71所示，单击"确定"按钮退出对话框。得到图7.72所示的效果，同时得到"色彩平衡1"。

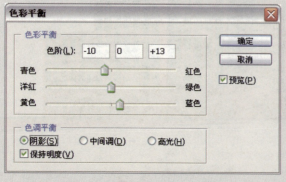

图7.69　　　　　　　　　　　图7.70

chapter 07 办公大厦表现

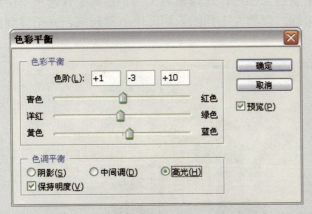
图7.71

图7.72

Step 05 下面调整建筑的对比度。选择"图层"|"新建调整图层"|"亮度/对比度"命令,在弹出的对话框中选中"使用前一图层创建剪贴蒙版"选项,单击"确定"按钮退出对话框,设置接下来弹出的对话框如图7.73所示,单击"确定"按钮退出对话框。得到图7.74所示的效果,同时得到"亮度/对比度1"。

图7.73

Step 06 下面首先为图像整体确定一个大的基调,首先为图像添加背景天空。选择"通道"图层,打开本书所附光盘提供的"天空.psd"文件,按Shift键使用移动工具将其拖至刚制作文件中,得到图层"天空",如图7.75所示。

图7.74

图7.75

Step 07 下面来制作天空中的云彩图像。打开"云彩.psd",按Shift键使用移动工具将其拖至刚制作的文件中,得到图层"云彩",并设置此图层的混合模式为"强光",填充为86%,以融合图像,如图7.76所示。

Step 08 单击添加图层蒙版按钮为"云彩"添加蒙版,设置前景色为黑色,选择画笔工具,在其工具选项条中设置适当的画笔大小及不透明度,在图层蒙版中进行涂抹,以将左上角的云彩图像隐藏起来,直至得到图7.77所示的效果。

图7.76　　　　　　　　　　　　　　　图7.77

Step 09 设置图层"云彩"的混合模式为"变亮",不透明度为50%。以模拟逼真的云彩效果,如图7.78所示。

图7.78

Step 10 下面为图像更换更加真实的地面。选择"亮度/对比度1",打开"公路.psd",按Shift键使用移动工具将其拖至刚制作的文件中,得到图层"公路",如图7.79所示。

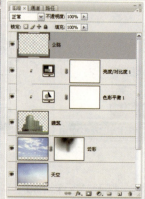

图7.79

Step 11 选择"通道",在工具面板上选择魔棒工具,并在其工具选项条中设置适当的容差,在地面区域单击,选择图层"公路",单击添加图层蒙版按钮为当前图层添加蒙版,如图7.80所示。

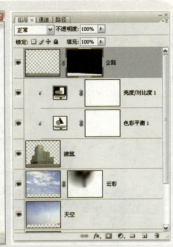

图7.80

Step 12 下面制作草地图像。选择"亮度/对比度 1",按照本部分第10~11步的操作方法,利用"草地.psd",以及图层蒙版等功能,制作草地图像,如图7.81所示,同时得到图层"草地"。

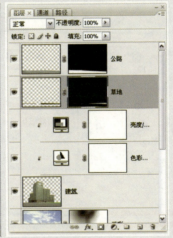

图7.81

7.5.2 调整楼体

Step 01 按Alt键单击"通道"前方的眼睛图标 以隐藏该图层以外的所有图层,在工具面板上选择魔棒工具,并调整适当的容差,在一层墙体处单击,再次按Alt键单击"通道"前方的眼睛图标 以显示所有的图层,选择"背景"图层,按Ctrl+J键(通过拷贝的图层)将选区内容复制到一个新层中,将层命名为"墙面",并将此图层拖至"亮度/对比度 1"上方,如图7.82所示。

图7.82

Step 02 下面制作反射光效果。打开"反射.psd",按Shift键使用移动工具将其拖至刚制作的文件中,得到图层"反射",按Ctrl+Alt+G键执行"创建剪贴蒙版"操作,如图7.83所示。

图7.83

Step 03 下面调整整体图像的色相及饱和度。单击创建新的填充或调整图层按钮，在弹出的菜单中选择"色相/饱和度"命令，设置弹出的对话框如图所示，单击"确定"按钮退出对话框，得到图7.84所示的效果，同时得到图层"色相/饱和度1"。

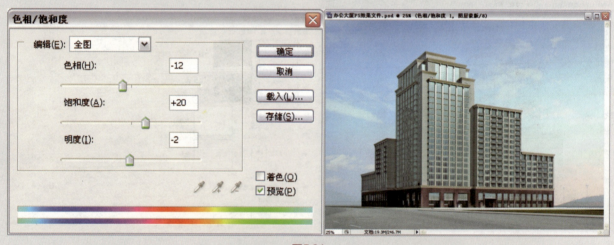

图7.84

Step 04 下面制作玻璃图像。选择"通道"，在工具面板上选择魔棒工具，并在其工具选项条中设置适当的容差，在楼体玻璃区域单击，选择"背景"图层，按Ctrl+J键（通过拷贝的图层）将选区内容复制到一个新层中，将层命名为"玻璃"，并将此图层拖至"色相/饱和度1"上方，如图7.85所示。

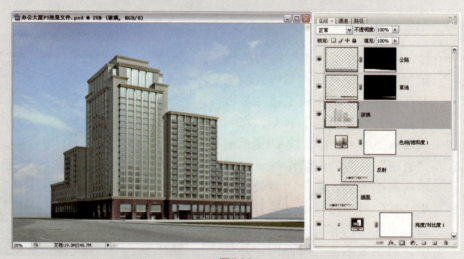

图7.85

Step 05 选择"图层"|"新建调整图层"|"亮度/对比度"命令，在弹出的对话框中选中"使用前一图层创建剪贴蒙版"选项，单击"确定"按钮退出对话框，设置接下来弹出的对话框如图7.86所示，单击"确定"按钮退出对话框，得到图7.87所示的效果，同时得到"亮度/对比度2"。

chapter 07 办公大厦表现

图7.86

图7.87

Step 06 下面制作底层的玻璃图像。选择"通道",在工具面板上选择魔棒工具,并在其工具选项条中设置适当的容差,配合Shift键在底层的玻璃区域单击,选择"背景"图层,按Ctrl+J键(通过拷贝的图层)将选区内容复制到一个新层中,将层命名为"底层玻璃",并将此图层拖至"亮度/对比度 2"上方,如图7.88所示。

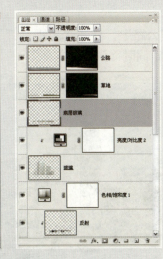

图7.88

Step 07 选择"图层"|"新建调整图层"|"亮度/对比度"命令,在弹出的对话框中选中"使用前一图层创建剪贴蒙版"选项,单击"确定"按钮退出对话框,设置接下来弹出的对话框如图7.89所示,单击"确定"按钮退出对话框,得到图7.90所示的效果,同时得到"亮度/对比度3"。

图7.89

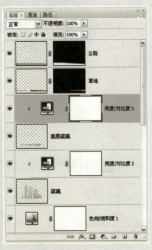

图7.90

179

7.5.3 添加配景及整体调整

Step 01 选择图层"云彩",打开"配景楼.psd",按Shift键使用移动工具将其拖至刚制作的文件中,得到的效果如图7.91所示,同时得到组"配景楼"。

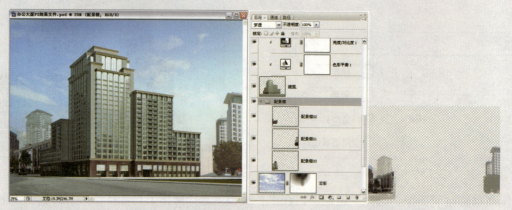

图7.91

> 提示:本步的素材是以组的形式给出的,里面包含了3个图片。

Step 02 选择图层"公路",打开"其他.psd",按Shift键使用移动工具将其拖至刚制作的文件中,得到的效果如图7.92所示,同时得到组"其他"。

图7.92

> 提示:本步也是以组的形式给出的。

Step 03 下面来调整整体图像的亮度及对比度。选择组"其他"。单击创建新的填充或调整图层按钮,在弹出的菜单中选择"亮度/对比度"命令,设置弹出的面板如图7.93所示,得到图7.94所示的效果,同时得到图层"亮度/对比度4"。

图7.93

图7.94

第8章 / 雪景写字楼表现

Chapter 08

3ds Max+VRay

8.1 雪景写字楼空间简介

　　本章案例将展示的是一个雪景效果的写字楼建筑外观表现效果，采用日景的表现手法，时间大约在14点左右。通过强烈的冷色调对比和玻璃反射，使建筑外观雪景效果更加真实、自然，案例效果如图8.1所示。

图8.1

图8.2所示为写字楼模型的线框效果图。

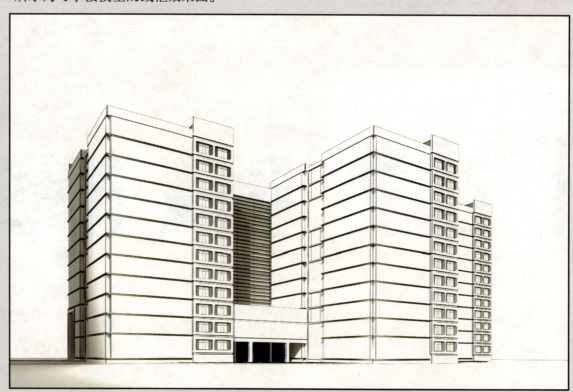

图8.2

8.2 雪景写字楼测试渲染设置

打开配套光盘中的"第16章\雪景写字楼源文件.max"场景文件，如图8.3所示，可以看到这是一个已经创建好的写字楼外观建筑场景模型，场景中物体材质相同的部分已经塌陷或成组，并且场景中的摄像机已经创建好。

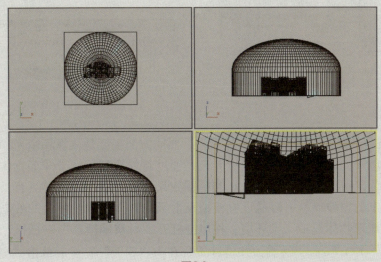

图8.3

下面首先进行测试渲染参数设置，然后为场景布置灯光。

8.2.1 设置测试渲染参数

测试渲染参数的设置步骤如下。

Step 01 按F10键打开"渲染场景"对话框，渲染器已经设置为V-Ray Adv 1.5 RC3渲染器，在"公用参数"卷展栏中设置较小的图像尺寸，如图8.4所示。

Step 02 进入"渲染器"选项卡，在 V-Ray:: Global switches (全局开关)卷展栏中的参数设置如图8.5所示。

图8.4

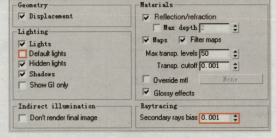

图8.5

Step 03 进入 V-Ray:: Image sampler (Antialiasing)（抗锯齿采样）卷展栏中，参数设置如图8.6所示。

Step 04 在 V-Ray:: Indirect illumination (GI)（间接照明）卷展栏中设置参数，如图8.7所示。

图8.6

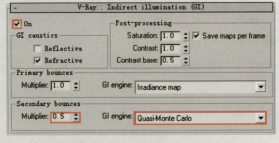

图8.7

Step 05 在 V-Ray:: Irradiance map （发光贴图）卷展栏中设置参数，如图8.8所示。

Step 06 在 V-Ray:: Quasi-Monte Carlo GI （准蒙特卡罗的全局光照设置）卷展栏中设置参数，如图8.9所示。

图8.8

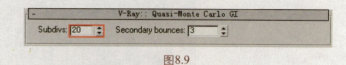

图8.9

8.2.2 布置场景灯光

雪景写字楼场景要表现的是阴天下雪时的室外效果，照明方面主要是依靠环境光和日光。

Step 01 首先创建室外的环境天光，本场景中的环境天光是通过将材质赋予到半球形物体上以达到模拟天光的效果，这样做的好处是既可以为场景提供一定的照明效果，还可以为玻璃等具有反射属性的物体添加反射环境，比如说建筑上的窗玻璃就可以通过它模拟反射天空和周围建筑环境的效果，所以在室外场景中会经常用到这样的半球形物体模拟天空环境。按M键打开"材质编辑器"对话框，选择一个空白材质球，保持其材质类型为 Standard 材质，并将材质命名为"球天"，然后单击"漫反射"右侧的贴图通道按钮，为其添加一个"位图"贴图，具体参数设置如图8.10所示。贴图文件为本书配套光盘提供的"sky-hxy08.jpg"。

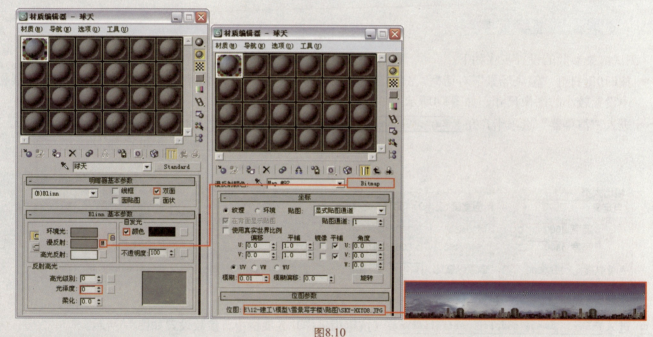

图8.10

Step 02 返回到 Standard 材质层级，单击进入"贴图"卷展栏，分别将"漫反射颜色"右侧的贴图通道按钮拖拽到"自发光"和"反射"右侧的None贴图通道按钮上，以"实例"方式进行关联复制操作，设置其参数如图8.11所示。

Step 03 将材质指定给物体"球天"，并在其上面点击鼠标右键，选择"对象属性"，设置其参数如图8.12所示。

chapter 08 雪景写字楼表现

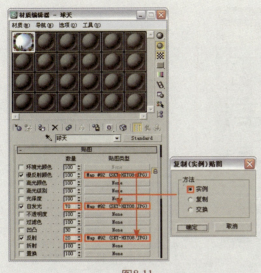
图8.11

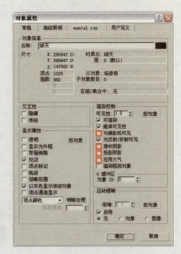
图8.12

Step 04 选择摄像机视图为当前视图，然后在主工具栏中选择渲染类型为"放大"，然后单击 （快速渲染）按钮进行渲染，会发现此时并没有进行渲染，而是在摄像机视图中弹出一个渲染框，这个渲染框内的部分就是会被渲染的部分，根据需要调整这个渲染框的位置和大小，设置完成后按视图右下角的 确定 按钮即可对虚线框内的部分进行渲染了，如图8.13所示。

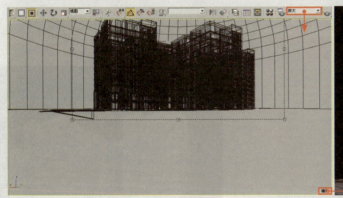

图8.13

> 提示：设置为"放大"渲染类型，可以在渲染图像尺寸不变的情况下，对渲染区域中的图像进行放大渲染，而对区域外的不进行渲染，这样可以对输出图像进行初步的构图。

Step 05 下面创建室外的日光。单击 进入创建命令面板，再单击 （灯光）按钮，在下拉菜单中保持为"标准"选项，然后在"对象类型"卷展栏中单击 目标平行光 按钮，在图8.14所示位置创建一盏目标平行光。参数设置如图8.15所示。

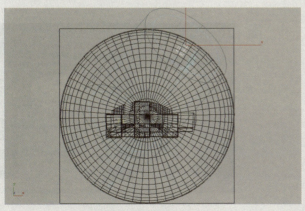
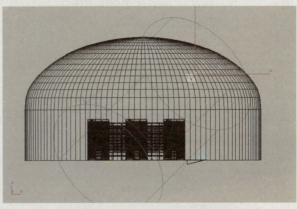
图8.14

185

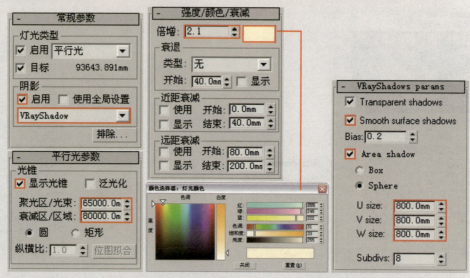

图8.15

Step 06 因物体"球天"遮挡住了建筑及地面部分，为了使目标平行光能够直接照射到建筑上，产生正确的光照效果，下面将对目标平行光进行设置，排除物体"球天"对目标平行光的遮挡影响。在目标平行光的"常规参数"卷展栏中，单击 排除... 按钮，在弹出的"排除\包含"对话框中进行参数设置，如图8.16所示。

Step 07 使用"放大"渲染类型再次对摄像机视图进行渲染，效果如图8.17所示。

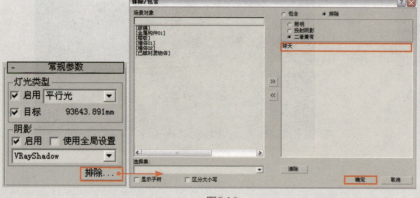

图8.16

图8.17

> **提示**：从渲染效果中可以看到场景的受光面出现了严重的曝光现象，下面将通过改变曝光类型来解决这个问题。

Step 08 在"渲染场景"对话框的"渲染器"选项卡中进入 V-Ray:: Color mapping 卷展栏，对其参数进行设置，如图8.18所示。再次渲染效果如图8.19所示。

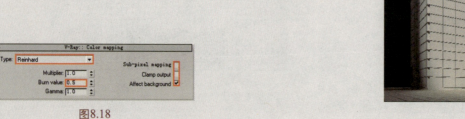

图8.18

图8.19

上面已经对场景的灯光进行了布置,最终测试结果比较令人满意,测试完灯光效果后,下面进行材质设置。

8.3 设置场景材质

经过上面的灯光布置,场景中已经有了比较理想的照明,借助它们就可以开始制作场景的材质了。在本场景的材质制作过程中我们主要用到了3ds max自带的标准材质和VRay专业材质。

Step 01 墙砖材质设置。在本场景中墙砖材质主要有深色和浅色两种不同的材质,下面将分别进行设置。首先设置深色的墙砖材质,按M键打开"材质编辑器"对话框,选择一个空白材质球,将其设置为 VRayMtl 材质,并命名为"墙砖01",单击Diffuse右侧的贴图通道按钮,为其添加一个"位图"贴图,具体参数设置如图8.20所示。贴图文件为本书配套光盘提供的"砖001.jpg"文件。

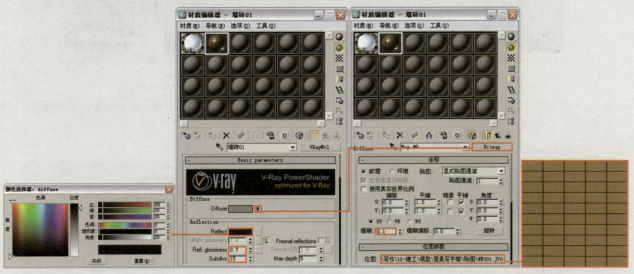

图8.20

Step 02 返回到 VRayMtl 材质层级,单击进入Maps卷展栏,将Diffuse右侧的贴图通道按钮拖动到Bump右侧的None贴图通道按钮上,以"实例"方式进行关联复制,操作及参数设置如图8.21所示。最后将材质指定给物体"墙体01",渲染效果如图8.22所示。

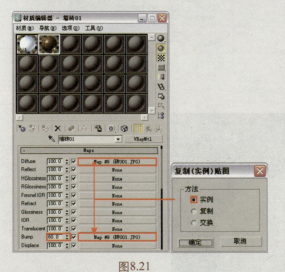

图8.21

图8.22

 提示:在此,只对一些在场景中所占面积较大的、比较重要的物体进行材质讲解,其他物体已经事先赋好了材质。

Step 03 下面设置建筑外墙玻璃材质。选择一个空白材质球，保持其材质类型为 `Standard` 材质，并将材质命名为"玻璃"，具体参数设置如图8.23所示。

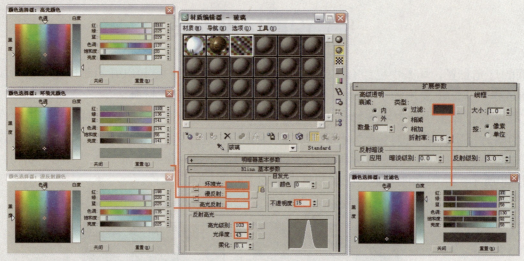

图8.23

Step 04 进入"贴图"材质层级，单击"反射"右侧的贴图通道按钮，为其指定一个 VRayMap 程序贴图，操作及参数设置如图8.24所示。

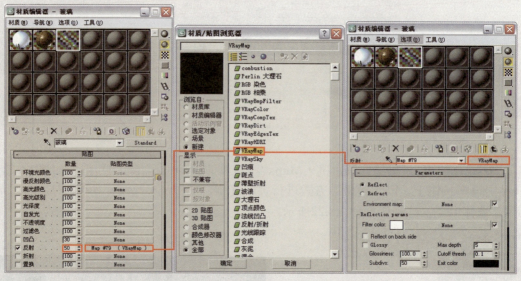

图8.24

Step 05 将材质指定给物体"玻璃"，渲染效果如图8.25所示。

图8.25

Step 06 再来设置另一种墙砖材质。选择一个空白材质球,将其设置为 VRayMtl 材质,并命名为"墙砖02",单击Diffuse右侧的贴图通道按钮,为其添加一个"位图"贴图,具体参数设置如图8.26所示。贴图文件为本书配套光盘提供的"砖002.jpg"文件。

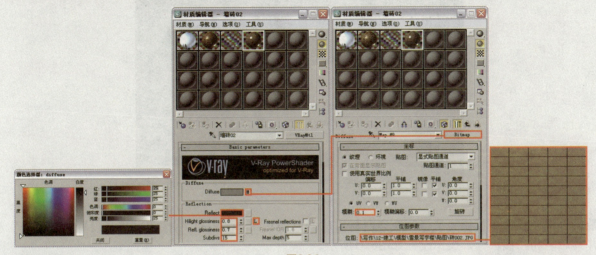

图8.26

Step 07 返回到 VRayMtl 材质层级,单击进入Maps卷展栏,将Diffuse右侧的贴图通道按钮拖动到Bump右侧的None贴图通道按钮上,以"实例"方式进行关联复制,操作及参数设置如图8.27所示。最后将材质指定给物体"墙体02",渲染效果如图8.28所示。

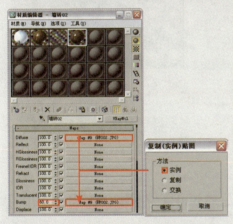

图8.27

图8.28

Step 08 下面再设置建筑外观的金属构件材质。选择一个空白材质球,将其设置为 VRayMtl 材质,并将其命名为"金属01",参数设置如图8.29所示。

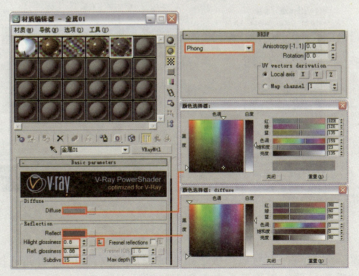

图8.29

Step 09 将制作好的材质指定给物体"金属构件",渲染效果如图8.30所示。

图8.30

Step 10 最后再来设置楼板材质。选择一个空白材质球,单击其 Standard 按钮,将其设置为"混合"材质,并其命名为"楼板",操作设置如图8.31所示。

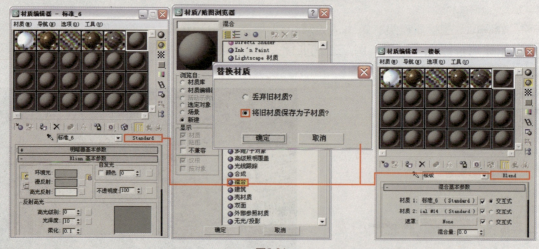

图8.31

Step 11 在"混合"材质层级,单击"材质1"右侧的材质通道按钮,将其设置为 VRayMtl 材质,并将其命名为"楼板",参数设置如图8.32所示。

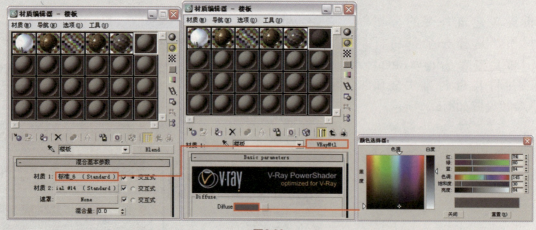

图8.32

Step 12 返回到"混合"材质层级,单击"材质2"右侧的材质通道按钮,将其设置为 VRayLightMtl(VRay灯光材质)材质,操作及参数如图8.33所示。

chapter 08
雪景写字楼表现

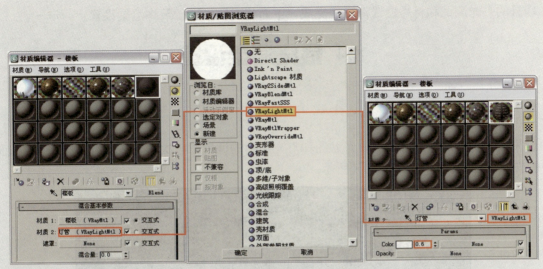

图8.33

Step 13 再次返回到"混合"材质层级,单击"遮罩"右侧的贴图通道按钮,为其添加一个"位图"贴图,参数设置如图8.34所示。贴图文件为本书配套光盘提供的"light-2.jpg"。

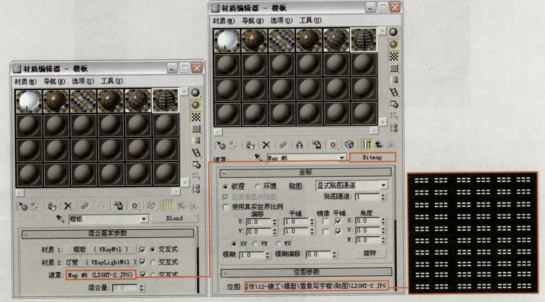

图8.34

Step 14 将材质指定给物体"楼板",进行渲染,效果如图8.35所示。

图8.35

191

至此，场景的灯光测试和材质设置都已经完成，下面将对场景进行最终渲染设置。

8.4 最终渲染设置

8.4.1 最终测试灯光效果

场景中材质设置完毕后需要取消对发光贴图和灯光贴图的调用，再次对场景进行渲染，观察此时的场景效果。对摄像机视图进行渲染，效果如图8.36所示。

图8.36

观察渲染效果可以发现场景整体太暗，下面将通过调整曝光参数来提高场景的亮度，参数设置如图8.37所示。再次渲染效果如图8.38所示。

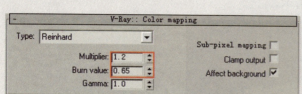

图8.37

图8.38

观察渲染效果，场景光线不需要再调整，接下来设置最终渲染参数。

8.4.2 灯光细分参数设置

将模拟日光的目标平行光的灯光细分值设置为24，如图8.39所示。

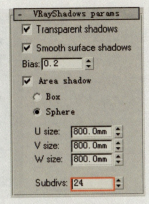

图8.39

8.4.3 设置保存发光贴图和灯光贴图的渲染参数

在前几章中已经多次讲解保存发光贴图的方法，这里就不再重复，只对渲染级别设置进行讲解。

Step 01 进入 V-Ray:: Irradiance map 卷展栏，设置参数如图8.40所示。

Step 02 进入 V-Ray:: Quasi-Monte Carlo GI 卷展栏，设置参数如图8.41所示。

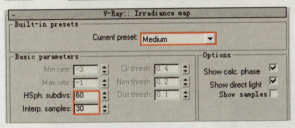

图8.40

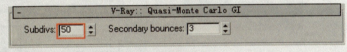

图8.41

Step 03 在 V-Ray:: rQMC Sampler （准蒙特卡罗采样器）卷展栏中设置参数如图8.42所示，这是模糊采样设置。

渲染级别设置完毕，最后设置保存发光贴图的参数并进行渲染即可。

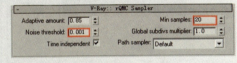

图8.42

8.4.4 最终成品渲染

最终成品渲染的参数设置如下。

Step 01 当发光贴图计算完毕后，在"渲染场景"对话框中的"公用"选项卡中设置最终渲染图像的输出尺寸，如图8.43所示。

Step 02 在 V-Ray:: Image sampler (Antialiasing) 卷展栏中设置抗锯齿和过滤器，如图8.44所示。

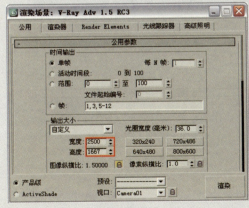

图8.43

图8.44

Step 03 为了方便在Photoshop中进行后期处理，将渲染结果保存为TGA格式的文件，最终渲染完成的效果如图8.45所示。

> 提示：TGA格式的输出文件，在通道中会自动保存一个场景物体的通道图，这可以帮助我们非常方便地进行文件背景的分离。

图8.45

8.4.5 通道渲染

Step 01 为了后期处理时能够快速方便地分离各个材质部分，接下来需要渲染一张能够区分各个材质的颜色通道图，具体制作方法是：选择材质编辑器中已经设置好的材质，将其设置为VRayLightMtl材质，并为其指定一个高饱和度的颜色，色相尽量和其他材质的颜色区别明显一些，如图8.46所示。

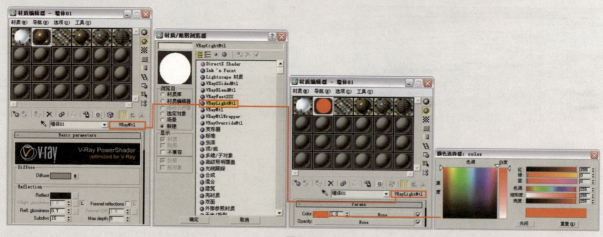

图8.46

> 提示：通道的颜色尽量使用红色、绿色、蓝色、青色、洋红色、黄色、黑色和白色。目的是在PhotoShop后期调整中能更准确地选择各个要调整部分的选区。

Step 02 将其余材质也设置为VRayLightMtl材质，设置不同的颜色即可，设置完成的材质编辑器如图8.47所示。

> 提示：因为物体"球天"对渲染通道没有任何作用，所以不用设置其材质，在此可以将其隐藏或删除。

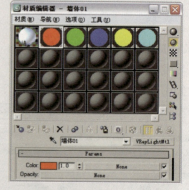

图8.47

Step 03 在 V-Ray:: Indirect illumination (GI)(VRay:间接照明GI)卷展栏中，取消间接照明，取消On(开)项的勾选，如图8.48所示。

图8.48

Step 04 将场景中的灯光关闭,其他参数不变的情况下对摄影机视图进行渲染,将渲染出来的图像保存为TGA格式的文件,最后通道效果如图8.49所示。

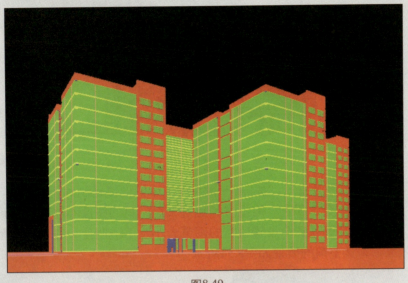

图8.49

8.5 Photoshop后期处理

在室外建筑效果图表现中,后期处理在制作的过程中占的比例较大,渲染的图需要在后期中进行调整,对画面的效果要进行加强,然后是为画面添加天空、布置配景和树木等,所以后期处理显的尤为重要。下面我们要处理的是雪景效果,要特别注意把握大的色调和画面的整体气氛。

8.5.1 初步布局画面

Step 01 打开配套光盘中的"第16章\写字楼渲染效果文件.tga"文件,如图8.50所示,下面首先将确定雪景背景,打开配套光盘中的"第16章\天空.psd"文件,使用移动工具将其拖至当前画布中,得到"天空"。根据画面的需要,按Ctrl+T键调出自由变换控制框,适当调整图像大小及位置,按Enter键确认操作,得到的效果如图8.51所示。

图8.50

图8.51

Step 02 雪景背景已经确定下来,接着将建筑图像抠选出来。利用通道图制作选区,来调整图像,打开配套光盘中的"第16章\写字楼通道图.tga"文件,将其移至正在操作的文件中,如图8.52所示,得到"通道图"。按Ctrl键单击其图层缩览图,以调出选区。

图8.52

Step 03 隐藏"通道图",选择图层"背景",按Ctrl+J键将选区中的图像复制到新图层中,得到新图层并将其重命名为"建筑",并将其移至"天空"的上方,建筑大厅门口的图像不够明亮,可以结合画笔工具,设置前景色为白色,在其工具选项条中设置适当的画笔大小及不透明度,在大厅位置进行涂抹,直至得到如图8.53所示的效果。未调整前的效果如图8.54所示。

图8.53

图8.54

⚠ 提示:通道图文件在执行完操作后就隐藏,需要时再将其显示,下面在操作时都会如此操作。

Step 04 从整体图像来看,建筑图像的对比度有些欠缺,利用调整图层来调整。单击创建新的填充或调整图层按钮,在弹出的菜单中选择"亮度/对比度"命令,设置弹出的对话框如图8.55所示,按Ctrl+Alt+G键创建剪贴蒙版,得到如图8.56所示的效果及对应的"图层"调板,同时得到图层"亮度/对比度1"。根据需要还可以利用其他调整图层进行调整。

图8.55

图8.56

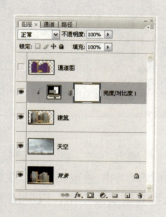

Step 05 大厅的效果过于黯淡,利用配套光盘中的"第16章\室内.psd"文件,使用移动工具将其拖至当前画布中,得到"室内"。选择矩形选框工具,按住Shift键在原选区的基础上增加选区,如图8.57所示。按Alt键单击添加图层蒙版按钮为其添加蒙版,以将选区以外图像隐藏起来,得到如图8.58所示的效果及对应的"图层"调板。

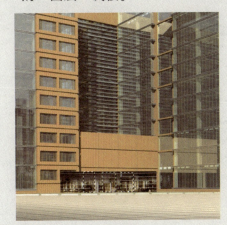
图8.57

图8.58

Step 06 为了整体效果和谐统一,接着来调整正面玻璃图像。利用通道图,选择"选择"|"色彩范围"命令,在弹出的对话框中选择吸管工具,在图像的窗玻璃(蓝色图像)位置单击以吸取颜色,然后在此对话框中设置参数,如图8.59所示,单击"确定"按钮退出对话框,得到图8.60所示的选区。

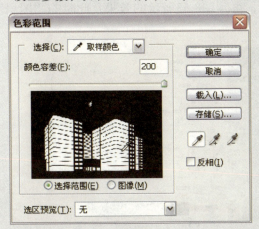
图8.59

图8.60

Step 07 因为暂时只想调整正面玻璃图像,所以选择矩形选框工具,按住Alt键在原选区的基础上减去选区,直至得到如图8.61所示的选区状态,隐藏"通道图"。

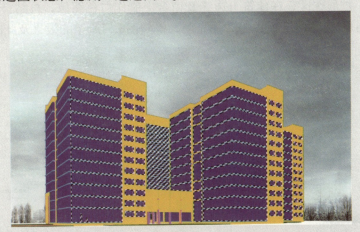
图8.61

Step 08 选择图层"建筑",按Ctrl+J键将选区中的图像复制到新图层中,得到新图层并将其重命名为"正面玻璃",并将其移至"室内"的上方,按照第4步的操作方法,应用"亮度/对比度"及"色彩平衡"命令,设置相关参数,得到"亮度/对比度2"及"色彩平衡1",并分别创建剪贴蒙版,以将玻璃图像调整为暖色调,得到图8.62所示的效果及此时的"图层"调板状态。

图8.62

提示:复制"建筑"后,其上方创建的剪贴蒙版图层会自动释放,读者需为它们重新创建,否则会影响整体效果。

Step 09 按照第6~8步(调整正面玻璃图像)的操作方法,接着来调整侧面玻璃图像,使正面玻璃图像更明亮,侧面玻璃图像更暗,使其符合受光面亮,背光面暗的关系,得到图8.63所示的效果及此时的"图层"调板状态。

图8.63

Step 10 为了使建筑图像上残留雪的痕迹,下面新建一个图层得到"图层1",通过制作选区及结合橡皮擦工具,调用通道图的选区,扩展选区,在建筑上边缘及窗台上制作白色图像,再结合橡皮擦工具,将不需要的图像擦除,设置"图层1"的混合模式为"强光",得到图8.64所示的效果及此时的"图层"调板状态。

图8.64

> 提示：在涂抹白色图像的过程中，需不断地改变画笔的大小及不透明度数值，以制作真实的积雪效果，使效果看上去没那么呆板。至此，建筑图像已经制作完毕，画面的基调基本上就定了下来，下面我们将给画面添加一些必要的配景，使画面的细节更加丰富，层次更加明确，同时配景的增加也会弥补场景在建模和渲染时的一些不太理想的地方，起到填补漏洞的目的，以美化场景效果。

8.5.2 添加景物图像及整体调整

Step 01 选择"天空"，打开配套光盘中的"第16章\配景建筑.psd"文件，使用移动工具将其两个图层中的图像分别拖至建筑左右两侧，分别得到"配景建筑01"和"配景建筑02"。为了使配景图像不至于呆板地摆放，调整好位置后，选择橡皮擦工具，并在其工具选项条上设置适当的画笔大小，在图像间结合生硬处进行涂抹，并设置其"不透明度"分别为80%和89%，以融合图像直至得到图8.65所示的效果及此时的"图层"调板状态。

图8.65

Step 02 选择"图层1"，下面来添加建筑左右两侧的一些远景的树木。打开本书配套光盘提供的"第16章\边树.psd"文件，将其拖放到建筑左右两侧，调整好位置后，直至得到图8.66所示的效果及此时的"图层"调板状态，图8.67所示为单独显示此步图像效果。

图8.66　　　　　　　　　　　　图8.67

> 提示：通常情况下，在添加这些配景时我们采用从远到近，从整体到局部的布置方法，进行逐步添加，素材的色彩，形状都需要特别注意的，好的素材清朗，造型给人视觉上的舒服感，切忌堆砌素材，那样只会让人感觉杂乱。再次是要注意树木的光线，向光面亮、背光面暗。

Step 03 接下来添加人行道的积雪图像。打开本书配套光盘提供的"第16章\近景雪.psd"文件，将其分别拖放到建筑前面，分别得到3个图层，调整好位置后，使用橡皮擦工具，并在其工具选项条上设置适当的画笔大小，在图像间结合生硬处进行涂抹，以融合图像直至得到图8.68所示的效果及此时的"图层"调板状态。

图8.68

Step 04 再添加一些楼前植物配景。打开本书配套光盘提供的"第16章\楼前植物.psd"文件，将其分别拖放到建筑前面，若感觉不满意，通过选区对其所带的素材逐个调整，同时使用移动、缩放、复制、删除等工具进行调整，使其前后的层次明确，对比明显，直至得到图8.69所示的效果及此时的"图层"调板状态，图8.70所示为单独显示此步图像效果。

图8.69　　　　　　　　　　　　　　图8.70

Step 05 添加人物配景。素材为本书配套光盘提供的"第16章\人物.psd"文件，直至得到图8.71所示的效果及此时的"图层"调板状态，图8.72所示为单独显示此步图像效果。

图8.71　　　　　　　　　　　　　　图8.72

⚠ 提示：在选择人物图像时，要根据当前季节天气的变化来选择。

chapter 08 雪景写字楼表现

Step 06 添加马路边上的积雪及汽车图像。素材为本书配套光盘提供的"第16章\积雪及汽车.psd"文件，直至得到图8.73所示的效果及此时的"图层"调板状态，图8.74所示为单独显示此步图像效果。

图8.73

图8.74

Step 07 添加建筑周围的角树图像。素材为本书配套光盘提供的"第16章\角树.psd"文件，直至得到图8.75所示的效果及此时的"图层"调板状态，图8.76所示为单独显示此步图像效果。

图8.75

图8.76

Step 08 打开配套光盘中的"第16章\堆雪人.psd"文件，使用移动工具将其两个图层中的图像分别拖至当前画布右下角，分别得到"雪人"和"堆雪"。为了得到近实远虚的效果，调整好位置后，还设置了"雪人"图层的"不透明度"，以融合图像直至得到图8.77所示的效果及此时的"图层"调板状态，图8.78所示为单独显示此步图像效果。

图8.77

图8.78

Step 09 至此，图像及配景图像都已经制作完毕，下面来添加飞舞的雪花图像，以营造飘雪的氛围。新建一个图层并将其重命名为"雪花"，设置前景色为白色，选择画笔工具，在其工具选项条中设置适当的画笔大小、不透明度及流量，在当前画布中单击多次，设置其"不透明度"为40%，直至得到图8.79所示的效果及此时的"图层"调板状态。

图8.79

⚠️ 提示：在使用画笔工具涂抹时，设置画笔越小越好，单击次数频繁些，以得到真实的雪花飞舞效果。为了方便读者看清画笔涂抹的效果，图8.80所示为暂且将涂抹的"雪花"更改"不透明度"为100%，并将所有图层隐藏，设置背景为黑色时的效果。

图8.80

Step 10 雪天气的气氛营造出来了，但是缺少一些雪后的雾气。新建一个图层并将其重命名为"雾气"，设置前景色为白色，选择画笔工具，在其工具选项条中设置适当的画笔大小及不透明度，在当前画布右侧进行涂抹，设置其"填充"为85%，直至得到图8.81所示的效果及此时的"图层"调板状态。

图8.81

Step 11 至此，观察整体图像，雪景气氛还是不够，没有寒冷的效果，下面来整体调整。新建一个图层并将其重命名为"整体调整"，设置前景色为8c99a7，按Alt+Delete键填充前景色，设置其混合模式为"叠加"，直至得到图8.82所示的效果及此时的"图层"调板状态。

图8.82

第9章 / 小区鸟瞰表现

Chapter 09

3ds Max+VRay

9.1 小区鸟瞰空间简介

本章实例是一个小区鸟瞰的表现。
小区鸟瞰案例效果如图9.1所示。

图9.1

图9.2所示为小区鸟瞰模型的线框效果图。

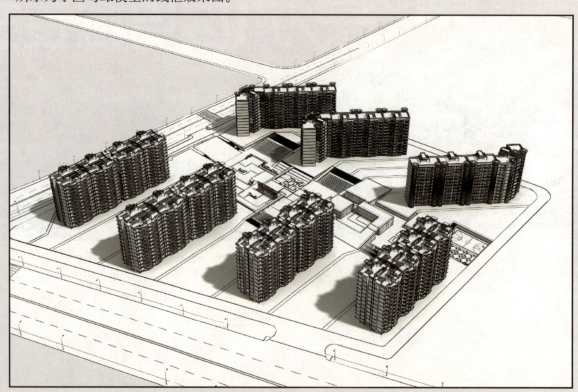

图9.2

9.2 小区鸟瞰测试渲染设置

打开配套光盘中"第11章\小区鸟瞰源文件.max"场景文件,如图9.3所示,可以看到这是一个已经创建好的小区鸟瞰场景模型,并且场景中的摄影机已经创建好。

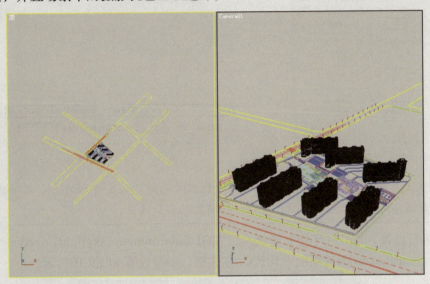

图9.3

下面首先进行测试渲染参数设置,然后进行灯光设置。

9.2.1 设置测试渲染参数

测试渲染参数的设置步骤如下。

Step 01 按F10键打开"渲染场景"对话框,渲染器已经设置为V-Ray Adv 1.5 RC3渲染器,在"公用参数"卷展栏中设置较小的图像尺寸,如图9.4所示。

Step 02 进入"渲染器"选项卡,在 V-Ray:: Global switches （全局开关）卷展栏中的参数设置如图9.5所示。

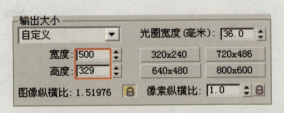

图9.4

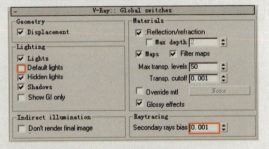

图9.5

Step 03 进入 V-Ray:: Image sampler (Antialiasing) （抗锯齿采样）卷展栏中,参数设置如图9.6所示。

Step 04 在 V-Ray:: Indirect illumination (GI) （间接照明）卷展栏中设置参数,如图9.7所示。

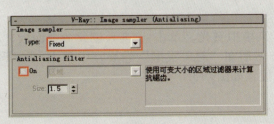

图9.6

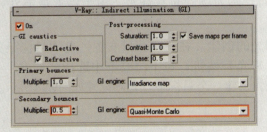

图9.7

Step 05 在 V-Ray:: Irradiance map （发光贴图）卷展栏中设置参数，如图9.8所示。

Step 06 在 V-Ray:: Quasi-Monte Carlo GI （准蒙特卡罗GI）卷展栏中设置参数，如图9.9所示。

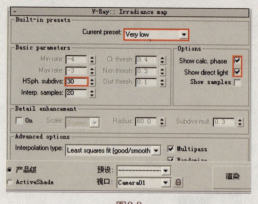

图9.8

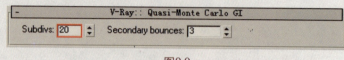

图9.9

> 提示：预设测试渲染参数是根据自己的经验和计算机本身的硬件配置得到的一个相对低的渲染设置，读者可将上图中的数据作为参考，也可以自己尝试一些其他的参数设置。

Step 07 下面对环境光进行设置。打开（环境）卷展栏，在GI Environment (skylight) override选项组和Reflection/Refraction environment override选项组中勾选On复选框，参数设置如图9.10所示。

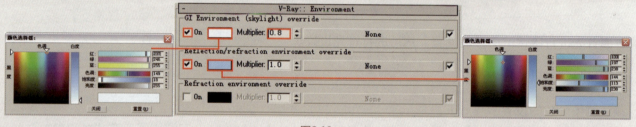

图9.10

Step 08 按"F8"键打开"环境和效果"对话框，在"环境"选项卡中，设置背景颜色如图9.11所示。

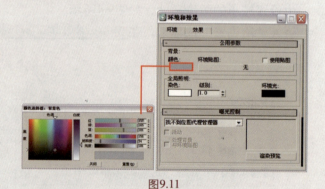

图9.11

9.2.2 布置场景灯光

下面开始为场景布置灯光。由于场景是室外，而且渲染器又选择了VRay，所以灯光布置会相对简单一些。

Step 01 阳光的创建。在此将会只布置一盏"目标平行光"来模拟日光。单击 进入创建命令面板，单击（灯光）按钮，在下拉菜单中选择"标准"选项，然后在"对象类型"卷展栏中单击 目标平行光 按钮，创建一个目标平行光，位置如图9.12所示。参数设置如图9.13所示。

chapter 09
小区鸟瞰表现

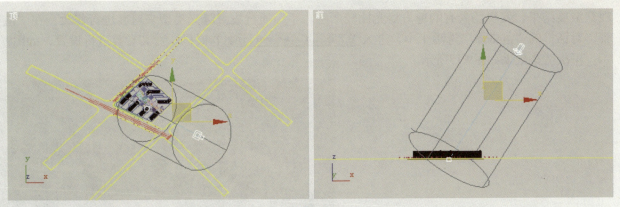

图9.12

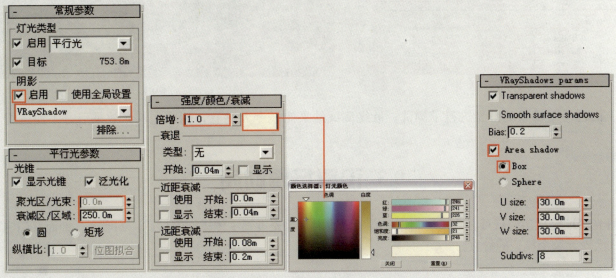

图9.13

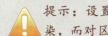 由于场景需要，这里采用放大渲染。在主工具栏上将渲染类型设置为"放大"，单击 按钮，然后在Camera视图中调整渲染区域大小，如图9.14所示。

> 提示：设置为"放大"渲染类型，可以在渲染图像尺寸不变的情况下，对渲染区域中的图像进行放大渲染，而对区域外的不进行渲染，这样可以对图像进行初步的构图。

Step 03 点击Camera视图中的"确定"按钮进行放大渲染，效果如图9.15所示。

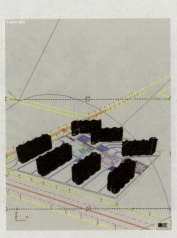

图9.14

图9.15

Step 04 观察渲染结果，发现场景有的地方曝光比较严重，下面通过设置曝光类型来对其进行修改。在"渲染场景"对话框的"渲染器"选项卡中，进入 V-Ray:: Color mapping 卷展栏，对其参数进行设置，如图9.16所示。再次渲染效果如图9.17所示。

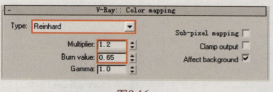

图9.16　　　　　　　　　　　　　　　图9.17

上面已经对场景的灯光进行了测试，最终测试结果比较令人满意，测试完灯光效果后，下面进行材质设置。

9.3 设置场景材质

灯光测试完成后，就可以为模型制作材质了。通常，首先设置主体模型的材质，如墙体、地面、门窗等，然后依次设置单个模型的材质。

9.3.1 设置主体材质

Step 01 首先来设置楼体外墙涂料材质。按M键打开"材质编辑器"对话框，选择一个空白材质球，将其命名为"外墙涂料"，单击"漫反射"右侧的贴图通道按钮，为其添加一个"位图"贴图，具体参数设置如图9.18所示。贴图文件为本书配套光盘提供的"第16章\贴图\012.jpg"文件。

Step 02 将材质指定给物体"外墙涂料"，对摄影机视图进行渲染，效果如图9.19所示。

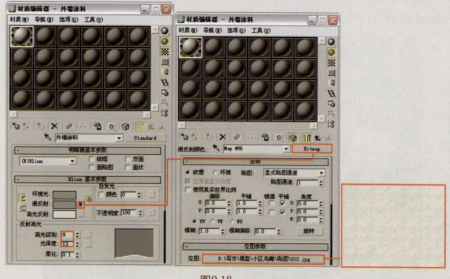

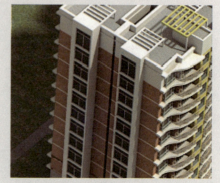

图9.18　　　　　　　　　　　　　　　图9.19

Step 03 接下来设置楼体墙砖材质。选择一个空白材质球,将材质命名为"砖墙01",单击"漫反射"右侧的贴图通道按钮,为其添加一个"平铺"程序贴图,具体参数设置如图9.20所示。

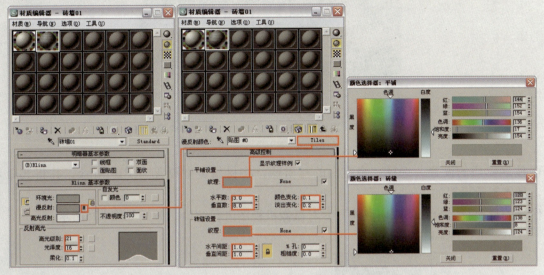

图9.20

Step 04 将制作好的材质指定给物体"砖墙01",对摄像机视图进行渲染,效果如图9.21所示。

图9.21

Step 05 接着设置墙砖材质,将刚刚制作好的材质拖到另一个材质球上进行复制,并将其命名为"砖墙02",具体参数设置如图9.22所示。

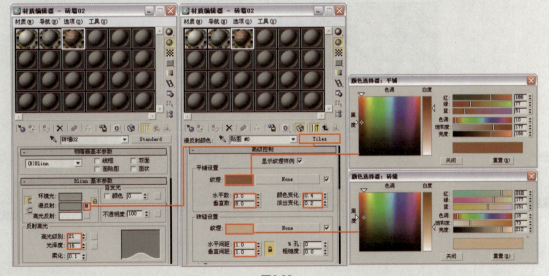

图9.22

Step 06 将材质指定给物体"砖墙02",对摄像机视图进行渲染,效果如图9.23所示。

图9.23

Step 07 场景中玻璃材质的设置。选择一个空白的材质球，将材质类型设置为(P)Phong，并将其命名为"窗玻璃"，具体参数设置如图9.24所示。

Step 08 将制作好的材质指定给物体"窗玻璃"，对摄像机视图进行渲染，效果如图9.25所示。

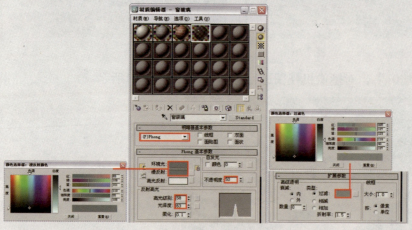

图9.24　　　　　　　　　　　　　　图9.25

Step 09 黄色涂料材质的设置。选择一个空白材质球，将其命名为"黄色外墙漆"，具体参数设置如图9.26所示。

Step 10 将制作好的材质指定给物体"黄色外墙漆"，对摄像机视图进行渲染，效果如图9.27所示。

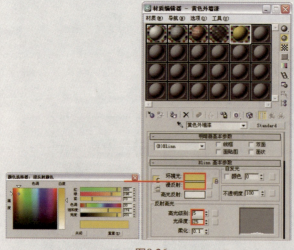

图9.26　　　　　　　　　　　　　　图9.27

9.3.2　设置场景其他材质

Step 01 首先设置场景中阳台材质。选择一个空白材质球，将材质命名为"阳台涂料"，具体参数设置如图9.28

所示。将材质指定给物体"阳台",对摄像机视图进行渲染,效果如图9.29所示。

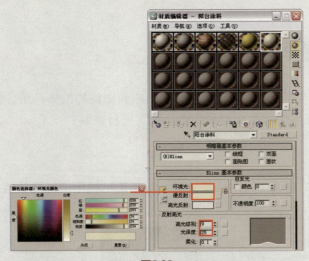

图9.28　　　　　　　　　　图9.29

Step 02　窗框材质的设置。选择一个空白材质球,将材质类型设置为(P)Phong,并将其命名为"窗框",具体参数设置如图9.30所示。将材质指定给物体"窗框",对摄像机视图进行渲染,窗框局部效果如图9.31所示。

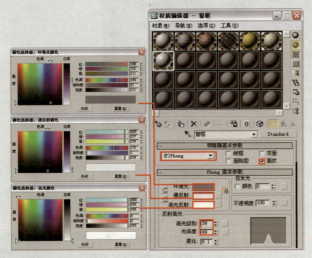

图9.30　　　　　　　　　　图9.31

Step 03　最后来设置栏杆材质。选择一个空白材质球,将其命名为"栏杆",具体参数设置如图9.32所示。将材质指定给物体"栏杆",对摄像机视图进行渲染,效果如图9.33所示。

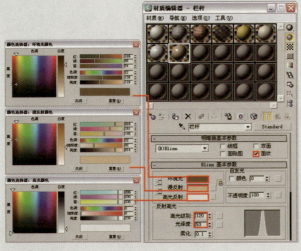

图9.32　　　　　　　　　　图9.33

至此，场景的灯光测试和材质设置都已经完成，下面将对场景进行最终渲染设置。最终渲染设置将决定图像的最终渲染品质。

9.4 最终渲染设置

最终图像渲染是效果图制作中最重要的一个环节，最终的设置将直接影响到图像的渲染品质，但是也不是所有的参数越高越好，主要是参数之间的一个相互平衡。下面对最终渲染设置进行讲解。

9.4.1 最终测试灯光效果

场景中材质设置完毕后需要对场景进行渲染，观察此时的场景效果。对摄影机视图进行渲染效果如图9.34所示。

图9.34

观察渲染效果，场景光线不需要再调整，接下来设置最终渲染参数。

9.4.2 灯光细分参数设置

提高灯光细分值可以有效地减少场景中的杂点，但渲染速度也会相对降低，所以只需要提高一些开启阴影设置的主要灯光的细分值，而且不能设置得过高。下面对场景中的主要灯光进行细分设置。

将模拟太阳光的目标平行光Direct01的灯光细分值设置为24，如图9.35所示。

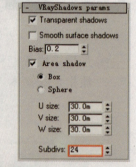

图9.35

9.4.3 设置保存发光贴图和灯光贴图的渲染参数

在前几章中已经多次讲解保存发光贴图和灯光贴图的方法，这里就不再重复，只对渲染级别设置进行讲解。

Step 01 下面进行渲染级别设置。进入 `V-Ray:: Irradiance map` 卷展栏，设置参数如图9.36所示。

Step 02 进入 `V-Ray:: Quasi-Monte Carlo GI` 卷展栏，设置参数如图9.37所示。

图9.36

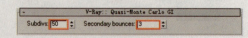

图9.37

Step 03 在 V-Ray:: rQMC Sampler（准蒙特卡罗采样器）卷展栏中设置参数如图9.38所示，这是模糊采样设置。

图9.38

9.4.4 最终成品渲染

最终成品渲染的参数设置如下。

Step 01 当发光贴图和灯光贴图计算完毕后，在"渲染场景"对话框中的"公用"选项卡中设置最终渲染图像的输出尺寸，如图9.39所示。

Step 02 在 V-Ray:: Global switches 卷展栏中取消Don't render final image选项的勾选，如图9.40所示。

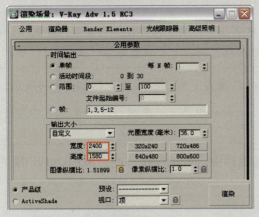

图9.39

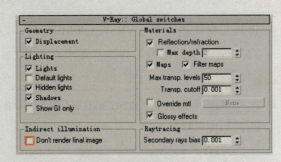

图9.40

Step 03 在 V-Ray:: Image sampler (Antialiasing) 卷展栏中设置抗锯齿和过滤器，如图9.41所示。

Step 04 最终渲染完成的效果如图9.42所示。

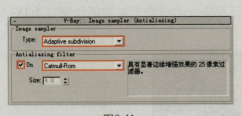

图9.41

图9.42

> 提示：TGA格式的输出文件，在通道中会自动保存一个场景物体的通道图，这可以帮助我们非常方便地进行文件背景的分离。

9.4.5 通道渲染

Step 01 为了后期处理时能够快速方便地分离各个材质部分，接下来需要渲染一张能够区分各个材质的颜色通道图，具体制作方法是：选择材质编辑器中已经设置好的材质，将其设置为VRayLightMtl材质，并为其指定一个高饱和度的颜色，色相尽量和其他材质的颜色区别明显一些，如图9.43所示。

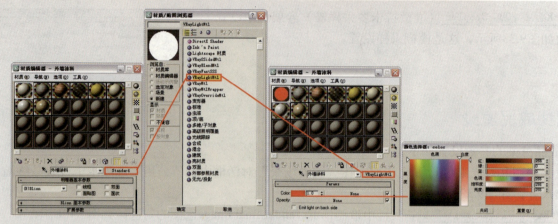

图9.43

> 提示:在此我们用VRayLightMtl材质进行制作通道,通道的颜色尽量使用红色、绿色、蓝色、青色、洋红色、黄色、黑色和白色。目的是在PhotoShop后期调整中能更准确地选择各个要调整部分的选区。

Step 02 将其余材质也设置为VRayLightMtl材质,设置不同的颜色即可,设置完成的材质编辑器如图9.44所示。

> 提示:渲染通道时另存一个文件,将"已赋予材质物体"炸开,然后用吸管吸取他们的材质,并将其依次设置为VRayLightMtl材质。

Step 03 在 V-Ray:: Indirect illumination (GI) (VRay:间接照明GI)卷展栏中,取消间接照明,取消On(开)项的勾选,如图9.45所示。

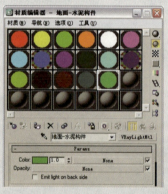

图9.44

图9.45

Step 04 将场景中的灯光关闭,其他参数不变的情况下对摄影机视图进行渲染,将渲染出来的图像保存为TGA格式的文件,最后通道效果如图9.46所示。

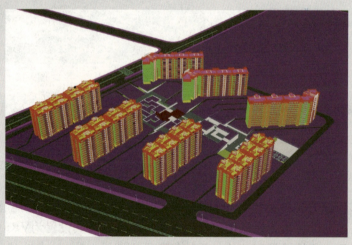

图9.46

Step 05 使用同样的方法设置渲染出场景的楼体通道图,效果如图9.47所示。

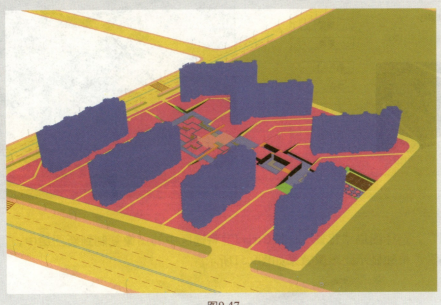

图9.47

9.5 Photoshop后期处理

下面我们将要对渲染好的图像进行后期加工处理,鸟瞰效果图的后期加工处理相对于普通效果图复杂些,主要是需要把握住配景的前后虚实关系,色彩的前后冷暖对比,前后的明暗对比,画面的整体感觉,以及整体色调的调控等等。

9.5.1 初步布局画面

Step 01 打开配套光盘中的"第16章\小区鸟瞰渲染效果文件.tga"文件,如图 16-3 所示,下面首先将所有的场景分离出来,以分别进行调整。先来选出公路,打开配套光盘中的"第16章\通道图.tga"文件,使用移动工具将其拖至当前画布中,将其重命名得到"通道图"。根据画面的需要,适当调整图像,得到的效果如图9.48所示。

图9.48

Step 02 利用通道图,选择"选择"|"色彩范围"命令,在弹出的对话框中选择吸管工具,在图像的公路(墨绿色图像)位置单击以吸取颜色,然后在此对话框中设置参数,如图9.49所示,单击"确定"按钮退出对话框,得到图9.50所示的选区。

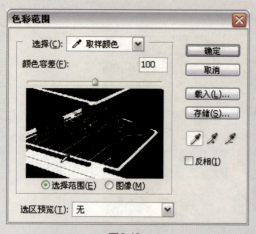

图9.49

图9.50

Step 03 隐藏"通道图",选择图层"背景",按Ctrl+J键将选区中的图像复制到新图层中,得到新图层并将其重命名为"公路",单独显示此图像效果如图9.51所示。

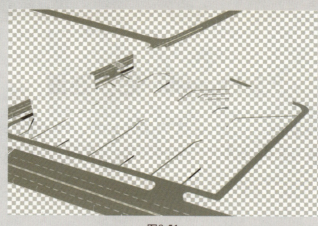

图9.51

Step 04 调整公路的明暗。单击创建新的填充或调整图层按钮,在弹出的菜单中选择"曲线"命令,设置弹出的对话框如图9.52所示,按Ctrl+Alt+G键创建剪贴蒙版,只是调整公路图像,得到图9.53所示的效果及此时的"图层"调板状态,同时得到图层"曲线1"。

图9.52

图9.53

Step 05 这时公路的颜色过于黯淡,没有一定的过渡,也不符合画面布局。单击"曲线1"的蒙版缩览图,以确认下面是在蒙版中进行操作。设置前景色为黑色,设置背景色为白色,在工具箱中选择渐变工具,在其工具选项条上,设置渐变类型为"从前景色到背景色渐变",单击线性渐变按钮,在当前画布中从右至左拖动,以绘制渐变,直至得到图9.54所示的效果及此时的"图层"调板状态,以制作近亮远暗的渐变公路。

chapter 09

小区鸟瞰表现

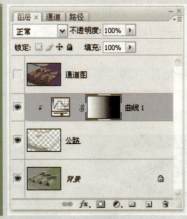

图9.54

Step 06 公路图像加深了，相应的斑马线图像也要降低亮度。按照选择公路图像的方法，显示并选择"通道图"，接着将斑马线图像选择出来，得到图层命名为"斑马线"，并将其移至"曲线1"的上方，设置其"不透明度"为90%，直至得到图9.55所示的效果及此时的"图层"调板状态。

图9.55

> 提示：通道图文件在执行完操作后就隐藏，需要时再将其显示，下面在操作时都会如此操作，不再一一告诉读者。

Step 07 制作草地图像效果。利用通道图制作选区，通道图中的标示草地图像的颜色分为灰色及蓝色。在"色彩范围"命令对话框中，选择吸管工具，先在灰色图像位置单击以吸取颜色，接着在选择添加到取样按钮，在蓝色图像上单击，然后在此对话框中设置参数，如图9.56所示，单击"确定"按钮退出对话框，得到选区，在结合多边形套索工具，在工具选项条上单击从选区减去按钮，将楼体中及当前画布左下方矩形区域被选择的选区减去，直至得到图9.57所示的选区。

图9.56　　　　　　　　图9.57

219

Step 08 选择"斑马线",新建一个图层得到"图层1",将其重命名为"草地",设置前景色的颜色值为384d21,按Alt+Delete键填充前景色,按Ctrl+D键取消选区,得到图9.58所示的效果及此时的"图层"调板状态。

Step 09 打开配套光盘中的"第16章\楼体通道.tga"文件,将其移至正在操作的文件中,得到"楼体通道"。利用"色彩范围"命令制作选区,以将楼体选择出来,得到图层"楼体",调整图层的顺序,此时的"图层"调板状态如图9.59所示。

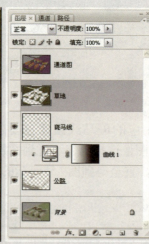

图9.58　　　　　　　　　　　　　　　　图9.59

Step 10 打开配套光盘中的"第16章\阴影通道.tga"文件,将其移至正在操作的文件中,得到"阴影通道"。利用"色彩范围"命令制作选区,以将楼体阴影图像选择出来,得到图层"楼体阴影",设置其混合模式为"正片叠底","不透明度"为45%,调整图层的顺序,得到图9.60所示的效果及此时的"图层"调板状态。

图9.60

Step 11 打开配套光盘中的"第16章\窗通道.tga"文件,将其移至正在操作的文件中,得到图层命名为"窗通道"。利用"色彩范围"命令制作选区,以将窗图像选择出来,得到图层"窗",调整图层的顺序,并利用"曲线"调整图层,将窗图像提亮,得到图9.61所示的效果及此时的"图层"调板状态。

图9.61

Step 12 添加楼体及公路周围的地面树林图像。打开本书配套光盘提供的"第16章\地面-整体背景.psd"文件,将其拖放到当前画布中,调整好位置后,直至得到图9.62所示的效果及此时的"图层"调板状态。

chapter 09 小区鸟瞰表现

图9.62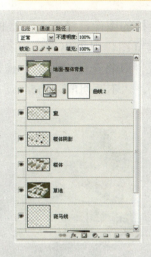

Step 13 利用通道图制作选区，并新建图层重命名为"前沿"，填充绿颜色得到图9.63所示的效果（标示红色线位置）。接着利用楼体通道图制作选区，并新建图层重命名为"草坪"，填充颜色并设置其混合模式为"颜色减淡"，"不透明度"为91%，以制作小区中的草坪图像，得到图9.64所示的效果及此时的"图层"调板状态。

图9.63

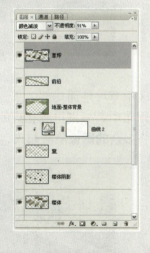
图9.64

Step 14 根据太阳光照射情况，下面制作草坪中的亮面图像。新建图层重命名为"亮面"，设置前景色的颜色值为384d21，选择画笔工具，在其工具选项条中设置适当的画笔大小及不透明度，在楼体中间位置进行涂抹，得到图9.65所示的效果。

图9.65

Step 15 由于涂抹的图像已经覆盖了楼体图像，下面通过添加图层蒙版，来解决此问题。按Ctrl键单击"草坪"图层缩览图，以调出选区，得到的选区如图9.66所示，按Alt键单击添加图层蒙版按钮为"亮面"添加蒙版，以将选区以外的图像隐藏起来，得到图9.66所示的效果。设置其混合模式为"线性减淡（添加）"，"不透明度"为54%，直至得到图9.67所示的效果及此时的"图层"调板状态。

图9.66

 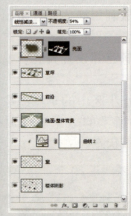

图9.67

Step 16 调整小区中草坪地面局部效果。打开本书配套光盘提供的"第16章\地面局部.psd"文件，将其分别拖放到当前画布中，分别得到相应的图层，调整好位置后，并按照第15步的操作方法，分别为其添加图层蒙版，以将多余的图像隐藏起来，直至得到图9.68所示的效果及此时的"图层"调板状态。

 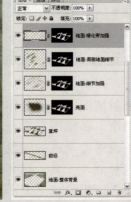

图9.68

> 提示：至此，小区中的各个图像已经制作完毕，画面的基调基本上就定了下来，下面我们将给画面添加一些必要的配景，使画面的细节更加丰富，层次更加明确，同时配景的增加也会弥补场景在建模和渲染时的一些不太理想的地方，起到填补漏洞的目的以美化场景效果。

9.5.2 添加配景图像

Step 01 打开本书配套光盘提供的"第16章\遮阳伞.psd"文件,将其拖放到当前画布中,得到相应的图层,调整好位置后,在小区中添加遮阳伞图像(标示红色线位置),直至得到图9.69所示的效果及此时的"图层"调板状态,图9.70所示为单独显示此步图像效果。

图9.69　　　　　　　　　　　图9.70

Step 02 打开本书配套光盘提供的"第16章\小汽车.psd"文件,将其拖放到当前画布中公路上,得到相应的图层,以添加公路上的小汽车图像,直至得到图9.71所示的效果及此时的"图层"调板状态,图9.72所示为单独显示此步图像效果。

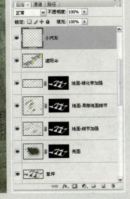

图9.71　　　　　　　　　　　图9.72

Step 03 打开本书配套光盘提供的"第16章\配景图像.psd"文件,将其拖放到当前画布中,得到相应的图层,以添加小区及公路上的树、人及气球等图像,直至得到图9.73所示的效果及此时的"图层"调板状态,图9.74所示为单独显示此步图像效果。

图9.73

提示1：为了方便读者能够清楚地看到此步制作的图像，故给出的"图层"调板为将此步的图像选中下的状态。

提示2：通常情况，在添加这些配景时我们采用从远到近，从整体到局部的布置方法，进行逐步添加，素材的色彩、形状都是需要特别注意的，好的素材清朗，造型给人视觉上的舒服感，切忌堆砌素材，那样只会让人感觉杂乱。

提示3：上面我们为画面添加了大量的配景，小区的基本元素已经成形了，但很多地方还不够理想，图面看起来层次感不够强，下面我们将对整体的气氛进行调整。

图9.74

9.5.3 调整整体图像

Step 01 从整体图像效果来看，没有一定的明暗，不符合视觉习惯。新建图层重命名为"加亮图像1"，设置前景色为白色，选择画笔工具，在其工具选项条中设置适当的画笔大小及不透明度，在当前画布最上方进行涂抹，以加亮图像，设置其"不透明度"为70%，直至得到图9.75所示的效果及此时的"图层"调板状态。

图9.75

Step 02 接着新建图层重命名为"加亮图像2"，设置前景色为白色，选择画笔工具，在当前画布左上方地面处进行涂抹，以加亮远处缥缈图像，设置其"不透明度"为57%，直至得到图9.76所示的效果及此时的"图层"调板状态。

 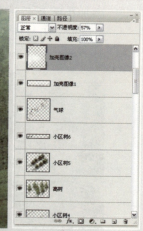

图9.76

Step 03 新建图层重命名为"加暗图像",设置前景色为黑色,选择画笔工具,在当前画布最下方进行涂抹,以加暗图像,设置其"不透明度"为89%,直至得到图9.77所示的效果及此时的"图层"调板状态。

图9.77

Step 04 新建图层重命名为"加亮图像3",设置前景色为白色,选择画笔工具,在当前画布左下方进行涂抹,以提亮图像,设置其"不透明度"为15%,直至得到图9.78所示的效果及此时的"图层"调板状态。

图9.78

Step 05 制作右上方的照射光及小区中心的亮光图像,分别新建图层重命名为"亮光1"和"亮光2",使用画笔工具,在当前画布右上角及小区中心位置进行涂抹,以制作亮光图像,设置"亮光1"的混合模式为"叠加","不透明度"为36%,设置"亮光2"的混合模式为"柔光",直至得到图9.79所示的效果及此时的"图层"调板状态。

图9.79

Step 06 调整整幅图像的色调。新建图层重命名为"调整色调",设置前景色为e5950b,按Alt+Delete键填充前景色,设置其混合模式为"色相","不透明度"为40%,得到图9.80所示的效果及此时的"图层"调板状态。

图9.80

Step 07 下面应用"亮度/对比度"调整图层,调整整幅图像的亮度及对比度,得到图9.81所示的效果及此时的"图层"调板状态。

图9.81

Step 08 调整整幅图像的饱和度及色调,应用"色相/饱和度"及"照片滤镜"命令,设置相关参数,直至得到图9.82所示的最终效果及此时的"图层"面板状态。至此,小区鸟瞰后期处理效果已经制作完毕,按"Ctrl+S"键将其保存为psd格式。

图9.82